新版

新型职业农民培育规范教材

现代农业
生产经营

徐青蓉　侯殿江　赵寒梅　主编

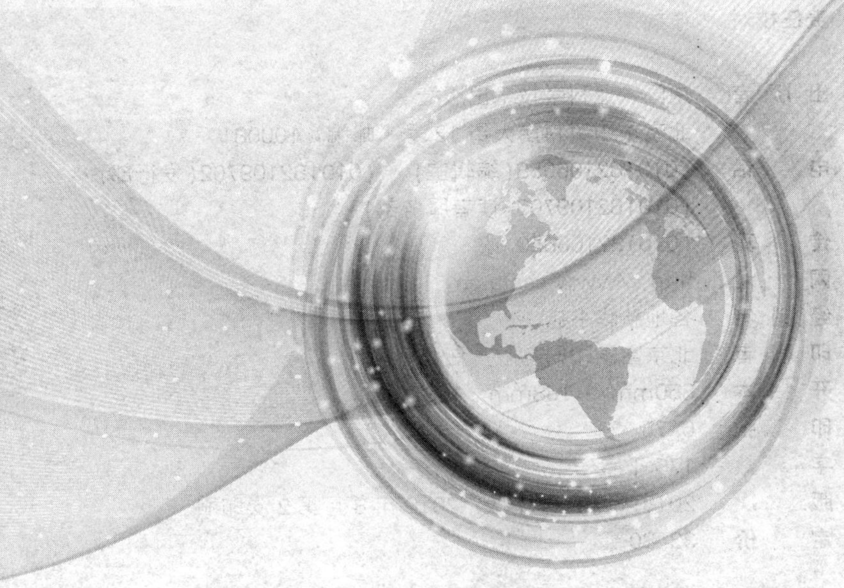

中国农业科学技术出版社

图书在版编目（CIP）数据

现代农业生产经营 / 徐青蓉，侯殿江，赵寒梅主编 .—北京：中国农业科学技术出版社，2018. 7

ISBN 978-7-5116-3741-3

Ⅰ. ①现…　Ⅱ. ①徐…②侯…③赵…　Ⅲ. ①农业经营-经营管理-中国　Ⅳ. ①F324

中国版本图书馆 CIP 数据核字（2018）第 129125 号

责任编辑　白姗姗
责任校对　李向荣

出 版 者　中国农业科学技术出版社
　　　　　北京市中关村南大街 12 号　邮编：100081
电　　话　(010)82106638(编辑室)　(010)82109702(发行部)
　　　　　(010)82109709(读者服务部)
传　　真　(010)82106650
网　　址　http://www.castp.cn
经 销 者　各地新华书店
印 刷 者　北京富泰印刷有限责任公司
开　　本　850mm×1 168mm　1/32
印　　张　6. 75
字　　数　175 千字
版　　次　2018 年 7 月第 1 版　2018 年 8 月第 2 次印刷
定　　价　32. 80 元

#《现代农业生产经营》
编　委　会

主　编：徐青蓉　侯殿江　赵寒梅

副主编：张　艳　王志德　丛志强
邬少超　王　玉　马　爽
赵翔举

编　委：刘　勇　李丹琳

前　言

党的十九大报告提出，构建现代农业产业体系、生产体系、经营体系，完善农业支持保护制度，发展多种形式适度规模经营，培育新型农业经营主体，健全农业社会化服务体系，实现小农户和现代农业发展有机衔接。

在实现农业现代化的过程中，发展规模经营、培育新型农业经营主体是重要环节。

本书尽量拓宽知识面，增加信息量，很少涉及偏深偏难又不实用的内容，紧跟政策与科学技术的发展。内容包括：现代农业引领农民走向小康；新型职业农民是现代农业建设的主体；专业大户与家庭农场；农民专业合作社；农业社会化服务；农产品质量安全；推进农业标准化生产，保障农产品质量安全；加强农产品品牌建设；农产品市场营销；现代农业与生态环境依存关系；人类活动对农业生态环境产生的影响；美丽乡村的布局等。

由于编者水平所限，加之时间仓促，书中不尽如人意之处在所难免，恳切希望广大读者和同行不吝指正。

编　者

2018 年 5 月

目　录

第一篇　现代农业与新型农业经营体系

第二篇 农产品质量安全与市场营销

第三篇　农业生态环境与美丽乡村建设

第一篇　现代农业与新型农业经营体系

第一章　现代农业引领农民走向小康

党的十九大报告提出，实施乡村振兴战略，要坚持农业农村优先发展，按照产业兴旺、生态宜居、乡风文明、治理有效、生活富裕的总要求，建立健全城乡融合发展体制机制和政策体系，加快推进农业农村现代化。这是我国未来20~30年农业农村发展的国家的基本战略。如何寻找乡村振兴的突破口和切入点，并制定切实可行的行动路线，是迫切需要研究的根本性理论问题。

没有现代化的农业，就不可能解放生产力，农民收入就不可能增加，农村的振兴就成为空中楼阁，没有农业现代化，没有农村繁荣富强，没有农民安居乐业，国家现代化就不完整、不全面、不牢固。乡村振兴不是单纯地搞修建，把房屋建好，把道路修通，而是要以现代产业为突破口，要加快构建现代农业产业体系、生产体系、经营体系，深入推进农业供给侧结构性改革，运用更先进的机械、更优良的种苗、更科学的种植方法和更高效的管理，发展多种形式适度规模经营，培育新型农业经营主体，健全农业社会化服务体系，实现小农户和现代农业发展有机衔接，带给农民更大的回报。以此带动农村发展起来，农民富裕起来，农村美丽起来。毋庸置疑，发展现代农业，实现农业现代化是乡村振兴的本质所在，也是突破口。

第一节　现代农业的定义和特征

一、现代农业的概念

何为现代农业？对现代农业内涵的理解是一个不断更新、充实和演进的过程。学术界较为一致的看法是，现代农业是农业生产和社会经济发展到一定阶段的产物或成果，即在采用大机器生产的现代工业的基础上发展起来的。

现代农业是一个动态的概念，它是不断采用现代的、新的生产要素替代过去的、传统的生产要素的农业。也就是说，人类第一次在农业生产和经营中大规模自觉应用现代科学技术和农业机器，广泛采用以“机械—化学技术”为核心的现代科学技术和现代工业提供的生产资料及科学管理方法。现代农业经历了机械化、化学化、绿色革命为中心的三次革命，用现代的耕作机械、水利灌溉设备等代替旧的手工工具和畜力农具，在农业生产中大量投入物质装备，尽量节约劳动力，实现农业机械化；通过化学在农业中广泛高质的应用，以及农作物品种的改良，实行土地集约化经营。

二、现代农业的特征

（一）现代农业的基本特征

现代农业的基本特征是：农民普遍具有较高文化水平；建立在现代自然科学基础上的一整套农业科学技术形成并推广；现代农机体系形成；农业机器成为主要生产工具；投入农业的能源显著增加；开始运用人造卫星、电子计算机、原子能、遥感技术、生物工程等。农业劳动生产率、土地生产率和农产品商品率大幅度提高，生产高度专业化、商品化和社会化。

（二）现代农业的主要特征

现代农业的主要特征体现在以下几方面。

1. 具备较高的综合生产率

具备较高的综合生产率，包括较高的土地产出率和劳动生产率。

农业成为一个有较高经济效益和市场竞争力的产业，这是衡量现代农业发展水平的最重要标志。

2. 农业成为高度商业化的产业

农业主要为市场而生产，具有很高的商品率，通过市场机制来配置资源。商业化是以市场体系为基础的，现代农业要求建立非常完善的市场体系，包括农产品现代流通体系。离开了发达的市场体系，就不可能有真正的现代农业。农业现代化水平较高的国家，农产品商品率一般都在 90% 以上，有的产业商品率可达到 100%。

3. 实现农业生产物质条件的现代化

以比较完善的生产条件，基础设施和现代化的物质装备为基础，集约化、高效率地使用各种现代生产投入要素，包括水、电力、农膜、肥料、农药、良种、农业机械等物质投入和农业劳动力投入，从而达到提高农业生产率的目的。

4. 实现农业科学技术的现代化

广泛采用先进适用的农业科学技术、生物技术和生产模式，改善农产品的品质、降低生产成本，以适应市场对农产品需求优质化、多样化、标准化的发展趋势。现代农业的发展过程，实质上是先进科学技术在农业领域广泛应用的过程，是用现代科技改造传统农业的过程。

5. 实现管理方式的现代化

广泛采用先进的经营方式、管理技术和管理手段，从农业生产的产前、产中、产后形成比较完整的紧密联系、有机衔接的产业链条，具有很高的组织化程度。有相对稳定、高效的农产品销售和加工转化渠道，高效率地把分散的农民组织起来形成体系，有现代农业管理体系。

6. 实现农民素质的现代化

具有较高素质的农业经营管理人才和劳动力，是建设现代农业的前提条件，也是现代农业的突出特征。

7. 实现生产的规模化、专业化、区域化

通过实现农业生产经营的规模化、专业化、区域化，降低公共成本和外部成本，提高农业的效益和竞争力。

8. 建立与现代农业相适应的政府宏观调控机制

建立完善的农业支持保护体系，包括法律体系和政策体系。

9. 农业成为可持续发展的产业

农业发展本身是可持续的，而且具有良好的区域生态环境。广泛采用生态农业、有机农业、绿色农业等生产技术和生产模式，实现淡水、土地等农业资源的可持续利用，达到区域生态的良性循环，农业本身成为一个良好的可循环的生态系统。

三、农业4.0是农业现代化的制高点

农业4.0是一个新兴事物，中国目前还处在“概念的界定、内涵的丰富、示范工程设计”这一阶段。农业4.0是一个技术为王的农业时代，显著特点是无人化，是对现代信息技术的高度集成，投资大，风险也大，具有典型的木桶效应。农业4.0的发展以互联网、物联网、大数据、云计算、人工智能技术为关键，迎合现代农业的发展需求是农业4.0走向现实的必经之路。从农业3.0到4.0的跨越在时间维度上很难分清界限，农业3.0的后期与农业4.0的初期几乎是叠加的。然而，农业4.0与农业3.0有着本质的差别，从农业3.0到4.0的巅峰一跃对技术

进步的要求极其苛刻，既要求物联网、大数据、云计算、人工智能等信息技术的协同，还要求数据信息与动植物生长性状等生物学特征进行精准匹配，完全是数字驱动的农业时代，这将是一个技术为王的终极农业时代，这个 4.0 时代的实现即达到无人化技术 70%的普及率预计将要到 2070 年。

农业 4.0 是农业现代化的制高点，是未来农业发展的根本方向，具有艰巨性、复杂性和长期性的特点，不可能一蹴而就，必须脚踏实地，制订发展规划，先易后难、因地制宜、循序渐进，稳步发展，逐步实现乡村振兴。

第二节　发展现代农业建设的必要性

加快现代农业建设步伐，有利于解放和发展农村生产力，提高农业综合生产能力与效益，促进农村经济社会全面发展；有利于引进工业技术成果，提高农业发展质量，增强城乡之间、工农之间的交流与互动，实现城乡协调发展；有利于合理利用资源，保护和改善生态环境，增强农业可持续发展能力，促进人与自然和谐共处。具体体现在以下几方面。

一、发展现代农业是科学发展观在农业中的运用和落实

通过建设现代农业，促进农业增长方式转变，优化农业农村经济结构，集约使用农业资源，提高农业竞争力，实现农业又好又快的发展。大力发展现代农业，着力转变农业增长方式，优化产业结构和布局，集约、节约使用自然资源和生产要素，保护生态环境，把农业和农村发展真正纳入科学发展的轨道。

二、发展现代农业是新农村建设的首要任务

加快建设现代农业，促进生产发展，增加农民收入，改善生态环境，为新农村建设奠定坚实的产业基础。加快改造传统

农业，促进农村社会化服务化；拓宽农民就业渠道，增加农民收入，促进生态农业的发展，促进人与自然的和谐共处、协调发展。这与社会主义新农村的建设目标一致。

三、发展现代农业是农民增收的途径

积极发展现代农业，是科学发展观在农业、农村工作中的具体落实，是实现粮食稳定发展和农民持续增收的根本途径，是实现农业可持续发展的必由之路。加快建设现代农业，全面提高粮食综合生产能力，提高农业综合效益，从根本上夯实增粮增收的基础。

四、发展现代农业是实现农业发展的必由之路

农业发展面临资源与市场双重制约，资源短缺的矛盾越来越突出，国内外市场竞争的压力加大。加快现代农业建设，推进农业科技进步和创新，大力发展循环农业和农村循环经济，进一步提高资源利用效率，提高农业发展质量和效益，促进农业可持续发展。

第三节　中国特色的现代农业之路

发达国家现代农业的发展对我国现代农业的发展具有一定的借鉴作用，但我国现代农业的发展又不能完全照搬国外现代农业发展的模式，需要走中国特色的现代农业发展之路。

一、农业生产与环境保护并重，增强农业的持续发展

现代农业要求实现经济增长与生态文明相得益彰，就是要在推进农业发展的基础上保护好生态环境，这是增强农业可持续发展能力的基础。土地资源、水资源、气候资源和生物资源等农业自然资源是农业发展的根基，任何资源的利用和开发必

须建立在充分、高效和科学的基础之上。提高农业投入品效益，减少对环境的污染。

二、创新农业生产经营模式，扩大就业和民生改善

创新农业生产经营模式，坚持以家庭承包经营为基础，以发展多种形式的适度规模经营和培育新型经营主体为重点，创新农业生产经营体制，不断提高农业生产组织化程度，实现农民增收与充分就业的相互统一。

三、加强农村教育建设，推进城乡协调发展

现代农业使得大量的农村劳动力源源不断地涌入城市，出现了农村“空心村”与城市就业难、城市拥挤和交通堵塞等相对立的矛盾。从表面上看，劳动力需求下降是由农业机械化的使用导致，深层次的原因是由城市高度发展的教育和医疗水平形成的农村劳动者想参与分享教育、医疗服务成果的驱动力的使然。

人的素质的提高、全面自由发展能力的增强以及农村与城市发展的协调性是建设现代农业的基础。只有解决了农村劳动者的受教育、就业和社会保障问题，增强其就业能力、扩大其分享经济发展成果的机会及水平，才有更多高素质劳动力愿意留在农村，这样既可以解决农业发展的劳动力问题，又可以缓解由大量农村劳动力涌入城市带来的一系列难题。

第二章　新型职业农民是现代农业建设的主体

党的十九大报告明确提出实施乡村振兴战略，并把“构建现代农业产业体系、生产体系、经营体系”作为乡村振兴战略的主要措施之一。结合我国农村目前的实际情况和条件，协调推进“现代农业三大体系”的建设工作，同时进一步完善农业支持保护制度，发展多种形式适度规模经营，培育新型农业经营主体，健全农业社会化服务体系，实现小农户和现代农业发展有机衔接，是当前农村经济改革与发展的重要环节。

现代农业经营体系是新型农业经营主体、新型职业农民与农业社会化服务体系的有机组合，是衡量现代农业组织化、社会化、市场化程度的重要标志。主要涉及专业大户、家庭农场、家庭牧场、农民合作社、龙头企业等。当前构建现代农业经营体系要集中解决好一系列问题，如农民要向职业化方向发展、坚持适度规模经营、建立社会化服务体系等。

第一节　新型农业经营主体及经营体系的概述

一、新型农业经营主体的概念

农业经营主体是指直接或间接从事农产品生产、加工、销售和服务的任何个人和组织，它必须具备以下 3 个条件：一是拥有或者掌握一定规模的土地、设备、资金等资产和一定数量的劳动力；二是具有一定的经营知识、经验和能力；三是能自主经营、自负盈亏、独立承担法律责任。

二、新型农业经营体系的概念

新型农业经营体系可以被理解为，在坚持农村基本经营制度的基础上，顺应农业农村发展形势的变化，通过自发形成或政府引导，形成的各类农产品生产、加工、销售和生产性服务主体及其关系的总和，是各种利益关系下的传统农户与新型农业经营主体的总称。

中央提出构建新型农业经营体系的要求，是针对我国目前农业农村发展形势做出的综合判断。新型农业经营体系是对农村基本经营制度的丰富发展。以家庭承包经营为基础、统分结合的双层经营体制，是我国农村改革取得的重大历史性成果，并在农村改革的深化中不断丰富、完善、发展。双层经营体制就是在农村集体经济组织中实行家庭承包经营的基础上，形成家庭分散经营和集体统一经营相结合的制度形式。双层经营体制下虽以家庭承包经营为主，但对于一些不适合农户承包或农户不愿承包的项目，还需集体统一经营和管理。国际经验表明，现代农业需要与之相适应的经营方式，集约化、规模化、组织化、社会化是现代农业对经营方式的内在要求。

已经具备了构建新型农业经营体系的基础和条件。我国已初步形成了以小规模农户为基础、以新型农业经营主体为骨干、社会化服务贯穿全程、各类主体利益关系相互联结的经营格局，加快构建新型农业经营体系的条件已经成熟。

第二节　新型农业经营主体产生的背景

在工业化、城镇化、信息化和农业现代化四化同步发展的形势下，家庭承包经营面临新的挑战。根据第二次全国农业普查的数据计算，平均每个农业生产经营户只能经营 9.1 亩（1

亩≈667平方米，全书同）耕地，每个农业从业人员只能经营5.2亩耕地，这样，如果扣除物质成本后每亩耕地一年的净收益按500元计算，一个农业从业人员一年的纯收入也就2 500元，还不如在外打工一个月的收入。

中国农业生产要再上新台阶，必须在稳定家庭承包经营的基础上适度扩大经营规模，大力培育新型农业经营主体，以农业专业大户、农民专业合作社和农业企业为代表的新型农业经营主体日益显示出发展生机与潜力，已成为中国现代农业发展的核心主体。新型农业经营主体具有适度的经营规模和带动效应；具有良好的赢利能力和较充裕的资金来源，市场导向性强、注重品牌建设。培育壮大新型农业经营主体，是加快农业转型升级的必然要求，也是促进农民有序转移、提高农业收入水平的重要举措。新型农业经营主体的发展壮大，有效缓解了农业“小规模与大发展”“小生产与大市场”难以对接的矛盾，带动了农业增效、农民增收。

第三节　新型农业经营体系的构成

我国现有农业生产经营主体是在以家庭承包经营为基础、统分结合的双层经营体制基础上形成和发展起来的。按农业生产者类型划分，主要包括以下六大类：承包农户、专业大户、家庭农场、农民专业合作社、农业产业化龙头企业和其他各类农业社会化服务组织。

一、承包农户

承包农户是通过土地承包形成的农业生产经营主体，其经营方式为家庭承包经营，是我国农业生产最普遍、最基本的经营主体。

二、专业大户

专业户主要包括家庭副业自营户和承包经营户，其经营领域较为集中、生产规模较大。随着生产规模的扩大，专业户中又出现了专业大户，如种植大户、养殖大户、农机大户等。

三、家庭农场

家庭农场是农业生产分工分业不断深化的产物，代表了家庭经营由粗放向集约转变的方向，是提高家庭经营集约化、专业化、规模化水平的有效实现形式。

四、农民专业合作社

农民专业合作社是以家庭承包经营为基础、互助经营为特征、社会化服务为内容的一种新型集体经济实现形式。

五、农业产业化龙头企业

农业产业化龙头企业是发展农业产业化经营的骨干力量，是保障农产品有效供给、推动现代农业建设的重要市场主体。

六、其他各类农业社会化服务组织

其他各类农业社会化服务组织为农业生产提供了多元化、多层次、多形式的专业化、社会化服务，已经成为解决农户分散经营困难不可或缺的重要力量。

第四节　新型职业农民的概念

一、新型职业农民的概念

新型职业农民是指以农业为职业，具有一定的专业技能，收入主要来自农业的现代农业从业者。从地位和作用看，新型职业农民体现了农民从身份向职业转变、从兼业向专业转变、从传统农业生产方式向现代农业生产方式转变的新要求。从组织形态看，新型生产经营主体是种养大户、家庭农场、农民合作社等，从个体形态看就是新型职业农民。新型职业农民作为新型生产经营主体，是构建新型农业经营体系的基础细胞，是发展现代农业的基本支撑，是中国特色农业现代化和全面小康社会的建设者。

二、新型职业农民的主要类型

新型职业农民可划分为生产经营型、专业技能型和社会服务型 3 类，各类职业农民在要求职业素养的同时，还需要具有各自的专业特色，见下表。

表　新型职业农民的主要类型

类型	特色
生产经营型	以农业为职业、占有一定的资源、具有一定的专业技能、有一定的资金投入能力、收入主要来自农业的现代农业生产经营者，主要是专业大户、家庭农场主、农民合作社带头人等
专业技能型	在农民合作社、家庭农场、专业大户、农业企业等新型生产经营主体中较为稳定地从事农业劳动作业，并以此为主要收入来源，具有一定专业技能的农业劳动力，主要是农业工人、农业雇员等
社会服务型	在社会化服务组织中或个体直接从事农业产前、产中、产后服务，并以此为主要收入来源，具有相应服务能力的农业社会化服务人员，主要是农村信息员、农村经纪人、农机服务人员、统防统治植保员、村级动物防疫员等农业社会化服务人员

三、新型职业农民产生的时代背景

随着农村劳动力大量向第二、第三产业转移，现在外出务工人员越来越多，以及新生代对土地的“陌生”，留守农业人群呈现出总量相对不足、整体素质偏低、结构不尽合理等问题。

中国人的饭碗必须端在自己手里。粮食总量基本平衡，结构性短缺。城镇化和工业化快速发展进一步加剧粮食紧张。每年全国人口增加700万人、城市人口增加1 000万人；预测全国每年新增粮食消费100亿千克、肉类80万吨。

我国面临“谁来种地、如何种好地”和确保粮食安全的问题。立足我国农村劳动力结构的新变化、着眼现代农业发展的新需求，习近平总书记指出，关于谁来种地，核心是要解决人的问题，通过富裕农民、提高农民、扶持农民，让农业经营有效益，让农业成为有奔头的产业，让农民成为体面的职业；要提高农民素质，培养造就新型农民队伍，把培养青年农民纳入国家实用人才培养计划，确保农业后继有人。李克强总理指出，要把加快培育新型经营主体作为一项重大战略，以吸引年轻人务农、培育职业农民为重点，建立专门政策机制，构建职业农民队伍，为农业现代化建设和农业持续健康发展提供坚实的人力基础和保障。

四、职业农民与传统农民最大的区别

我们认为，最大的区别在于传统的农民种地只知道如何把地种好，而今天的农民不能仅仅是把地种好，最重要的是把地里的产品卖好，求得一个好收成。按照收成的需求种地，是职业农民最重要的专业素养。这也就是为什么现在很多农民感叹自己突然不会种地的道理。所以，传统农民向专业农民转变必须做到从面向黄土到面向市场。

面向市场的转变，对传统的农民来说可能是非常困难的，因为从整体情况看，农民对市场的不适应性还非常的明显。

第五节 新型职业农民的地位和作用

一、确保国家粮食安全和重要农产品有效供给

我国农产品需求呈刚性增长，确保十几亿中国人吃饱吃好，最根本的还得依靠农民，特别是要依靠高素质的新型职业农民。同传统小农户、兼业农户相比，职业农民有文化、懂技术、善经营、会管理，农业综合生产能力和效益更好。

二、提高现代农业综合效力

随着资本、技术等现代生产要素不断进入农业领域，农业规模化、专业化、标准化、集约化水平不断提高，作为生产关键要素之一的农业劳动力素质也需要适应这种形势变化。但客观上看，目前农民素质不高，是导致我国农业生产中单位产出较低、农业竞争力不强的重要因素。因此，要实现传统农业向现代农业转变，关键是提高农民素质，培养职业农民。

三、提升农业综合效益

随着现代农业的快速发展，农业功能的不断拓展、环节不断增多、岗位不断细化，农村居民分工分业也呈加快发展趋势。通过职业农民领办各类合作社、企业，将生产、加工、运输、贮藏、销售等环节联成一体，多层次提高农产品附加值，才能获得生产、加工、流通等环节的收益，提高农业整体效益，增强农业发展的竞争力。

第六节　新型职业农民的特征及能力

一、新型职业农民的基本特征

全国现代农业建设现场交流会上对新型职业农民的基本特征作了概括性描述，有以下几方面。

1. 以农业为职业

新型职业农民必须是以农为业、以农为主、以农为本、以农为根，全职务农，把务农作为终身职业。

2. 占有一定的资源

新型职业农民必须是通过山林、土地的流转实行适度规模经营，具有一定领导、协调、联络、沟通能力和团队合作能力的农业专业经营者。

3. 具有一定的专业技能

新型职业农民必须是具有一项（类）以上较高的农业专业技术实践操作能力和一定的农业专业理论水平，取得农民专业资格证书和培训技术证书的农业专业经营者。

4. 具有一定的资金投入能力

新型职业农民必须有一定的资金积累和发展再生产的能力，具有投资发展现代农业的热情和理念，不是完全靠政府补助和贷款维持经营的农业专业经营者。

5. 收入主要来自农业

新型职业农民具备较大经营规模，农民本人或家庭收入的80%以上来自农业产业。

以上 5 个方面的特征是新型职业农民必须同时具有的，它们相互依存、有机融合，构成了新型职业农民的基本框架。

二、新型职业农民应具备的能力

新型职业农民是现代农业从业者。培训职业农民，就要深入研究现代农业特别是现代农业产业发展的要求，按照专业化、集约化、规模化的现代农业生产经营要求和家庭农场的经营管理模式，把现代经营理念和核心生产技术培训结合起来，把生产过程管理和市场营销策略结合起来，把家庭经营水平和合作社经营管理结合起来，把提高收入能力和创业能力结合起来，把政策法律运用和公共关系协调结合，以熟练掌握职业技能和提升经营能力为基本目标。不同类型的职业农民应该有不同的培训要求，知识结构和技能结构都是不一样的。不过，对于职业农民来说，首先是要把握最基本的素质要求。合格的职业农民一定要具备以下基本的能力。

（一）政策解读能力

政府十分重视“三农”问题，每年都会围绕“三农”问题出台系列优惠政策。这些政策的核心就是为农民创造良好的外部发展环境。政策的涉及面通常会涵盖“三农”问题的方方面面。有的政策可能会给农民带来直接的利益，有的政策可能会帮助农民得到更多的资源，有的政策可能会使农民得到更多的协助，有的政策则可能让农民避免损失。所以经营农业，必须了解和运用各种有利的政策。

（二）客户需求理念

今天的农业，早已经是市场化程度很高的产业，不能仅仅埋头种地，必须了解现在种地是为客户服务，而不仅仅是为了自己卖点农产品。只有符合客户的需求，种地的结果才可能是理想的。现在对农产品的需求已经从量到质，发生了根本的变化，安全、健康、新奇、独特、有机甚至观感、休闲等都是客户的需求点，中国的和外国的客户之间可能还有很多文化上的差异。以客户需求为导向，这应该是新型职业农民与传统农民之间最大的思想差别。也只有把客户的需求理念植根于头脑中，才有做一个合格职业农民的基础。

（三）技术学习能力

科学技术在农业中的应用越来越广泛，今天经营农业要真正满足客户的需要，技术是非常重要的要素。例如，要满足客户的有机需求，就必须掌握有机种植技术；要满足客户的口感要求，就要在种植过程中调整水、肥、阳光以及其他种植方式，以使产品保持特定的味道；要满足客户猎奇的需求，就要不断学习新的种植技术和方法，或者引入新的品种，或者得出新的效果。总之，不同的种植项目会有不同的技术。农业是一种养护生命的产业，其技术的复杂程度既依赖于标准化的技术推广，也要依赖种植者不断地总结提升。所以，职业农民不仅仅是学习1~2门技术，重要的是有较强的技术学习能力，能够不断吸收新的技术方法，不断提升自己的种植水平。

（四）信息运用能力

今天的社会已经完全是一个互联网社会。一张看不见的网络把世界连为一体，所以有本书叫《世界是平的》，在全世界畅销。这个网络加上全球经济一体化，让我们无论处于世界的哪一个角落，无论从事什么产业，都不能脱离信息社会。现代农业不仅已经产业化、集约化，而且已经全球化、信息化。所以，今天作为一个职业农民，真的要胸怀全球，即随时要关注相关的信息，善于利用互联网，了解互联网带来的信息渠道的扩展和商业模式的变革。

（五）创业发展能力

从本质上说，职业农民不是简单的种地，也不是简单的卖农产品，而是在经营农业，或者说经营一个事业，因此他更多的是一个创业者。随着家庭农场制度的完善和农民合作社逐步的普及，职业农民不仅可能是一个农场主，还可能是一个合作社的管理者。所以，创业发展能力是一种综合能力，是以上几种能力的集大成。对职业农民来说，创业过程可能与城市创业者有很大的不同，除了农业作为一个弱势产业会有一些先天不足以外，更重要的可能还是职业农民在创业路上碰到的困难会更多。农村依然是能人社会，一个职业农民很有可能就是一个村比较有能力的人，天然就要扮演领导者的角色，既要照顾好自己的土地，又要带头示范，还要学会经营管理，几乎样样都要懂。所以，作为一个职业农民，要有战略头脑、市场眼光、核心技术、管理手段，还要有克服困难的毅力和成就事业的恒心。

第七节　新型职业农民培育

农业部组织实施新型职业农民培育工程，中央财政安排专项资金，开展新型职业农民培育。培训项目逐级下达到县区，各县区成立有农业、财政、发展改革、教育、人力资源和社会保障、金融、保险等部门参加的新型职业农民培育试点工作领导小组，设立办公室在农业部门，加强组织领导、计划指导、政策协调、模式总结、方案制定、项目监管、宣传表彰。

一、培训

1. 培训机构

各县区农业主管部门根据不同类别的培训任务，遵循公开、公正、公平的原则，在培训机构自愿申报的基础上，通过组织专家评审认定，择优确定培训机构，每个项目实施县承担任务的培训机构原则上不超过 5 家。要加强资源整合，充分发挥农业广播电视学校（农民科技教育培训中心）、基层农技推广机构、农民专业合作社和农业龙头企业等机构在农民培训中的作用。加强新型职业农民培育实训基地建设，将农民专业合作社和农业龙头企业产业基地、现代农业示范区、农业科技示范基地等重大农业项目实施场所作为重要的实训基地。

2. 培训对象

从农业和优势产业发展的需求来确定培育对象，从类型上分："三类协同"的培育对象。生产经营型选择专业大户、家庭农场主、农业庄园、农民合作社带头人、农业企业主作为培育对象；专业技能型选择长期、稳定受雇于新型农业经营主体的工人、雇员作为培育对象；社会服务型选择长期从事农业产前、产中、产后服务的农机服务人员、统防统治植保员、农村信息员、农村经纪人、土地仲裁员、测土配方施肥员等作为培育对象。凡项目县有"美丽乡村"创建的，每个村至少选 5 名新型职业农民作为培育对象。从现有身份上分：现有农民；返乡农民工、退伍军人、大学生农村创业者为优选群体。原则上年龄不超过 55 岁，具有初中以上文化。

3. 组织培训

严格按照农业部发布的《新型职业农民培训规范》中规定的培训内容、技能要求、学时分配、培训实施与考核评价等方面的要求开展培训。分级分类培训，对生产经营型开展全产业链技能培训，侧重生产管理与市场营销，累计培训时间不少于 15 天。对专业技能和社会服务型侧重于实际操作技能，累计培训时间不少于 7 天。制订培训计划。培训机构要根据农业主管部门下达的培训任务类别、专业和任务数量，精心编制培训计划，报农业主管部门审批后按计划实施，确保培训人数、培训时间、培训内容落到实处。培训机构要聘请熟悉"三农"，具有丰富专业经验和实践经验的培训教师、专家，特别是经过知识更新培训的基层农业技术人员担任培训教师。选用规范教材，根据各地产业发展需要和培训规范，组织编写通俗易懂、针对性强的培训教材，免费发放给参训农民，确保每人一套。实行“分段式、重实训、参与式”培训模式，根据农业生产周期和农时季节分段安排课程，强化分类指导，对生产经营型、专业技能型和社会服务型分类分产业开展培训。注重实践技能操作，大力推行农民田间学校、送教下乡等培训模式，提高参与性、互动性和实践性。每期培训班结束时，培训机构组织参训农民进行考试。有条件的，鼓励进行现场技能测试。加强与相关农业行业职业技能鉴定部门的协调，鼓励和引导受训农民接受职业技能鉴定，增强执业就业能力。培训机构逐班次建立真实、完整和规范的培训档案，建立新型职业农民培训基本情况台账，主要包括姓名、性别、身份证编码、地址、联系电话、培训专业、培训期次、培训时间、考评状况、是否取得资格认定、就业情况等。实名制登记并录入农业部信息系统，在线跟踪监督，对项目实施县实行动态管理。

二、认定

1. 认定原则

坚持政府主导、农民自愿、公开公平公正、属地动态管理的原则。生产经营型，以县级为主认定；专业技能型和社会服务型，主要开展农业职业技能鉴定。由中央、省、州市组织培训的农民在从业地申请认定。由县级以上（含县级）人民政府发布认定管理办法，由县区农业局组织审核认定。充分尊重农民意愿，不得强制和限制符合条件的农民参加认定。要建立新型职业农民退出机制，对已不再符合条件的，应按规定及程序予以退出，并不再享受相关扶持政策。

2. 认定条件和标准

一是以农业为职业，主要从职业道德、农业劳动时间和主要收入来源等方面考虑；二是教育培训情况，接受过农业系统培训、农业职业技能鉴定或中等及以上农科教育作为基本认定条件；三是生产经营规模，以家庭成员为主要劳动力，且不低于外出务工收入水平确定生产经营规模，并与当地扶持新型生产经营主体确定的生产经营规模相衔接。各县区制定详细的认定标准。

3. 认定程序

由本人提出申请，报县区农业局审核、县区新型职业农民培育工作领导小组认定。经认定为职业农民的从业者，由当地县级政府颁发《新型职业农民证书》，全程管理、建档立册、计算机管理。

三、扶持

对新型职业农民培育对象，在承担农业项目、土地流转、农业基础设施建设、金融信贷、农业补贴、农业保险、社会保障、税费减免、信息服务、营销推广等方面向新型职业农民倾斜。各县区协调有关部门，制定详细的扶持政策，由县区人民政府发布。

第三章　专业大户与家庭农场

专业大户、家庭农场虽然没有农业企业经营规模大，要想可持续发展，懂技术还要善经营会管理，在土地流转、内部管理、农产品营销等方面也要遵循经营管理的相关规则。

管理既是成功的要素，也是失败的根源。过去各地都涌现出了一批批“种粮大户”“养猪大户”乃至“农民企业家”，但真正能够长盛不衰的却不太多，究其原因是多方面的，但管理没跟上应该是共同存在的问题。

第一节　专业大户、家庭农场经营管理的概述

一、家庭经营管理的概念

家庭经营的管理，就是为了实现家庭经营的决策目标，组织指挥家庭成员进行有序的生产活动，并对家庭内部及家庭与社会环境进行有效的协调，确保家庭经营活动的顺利进行。

农户家庭不论大小、贫富都是一个从事经济活动的组织。哪里有经济活动，哪里就有管理活动。尤其是当前农户家庭经营在市场经济的复杂背景下，家庭经营的管理显得特别重要，有没有管理，管理得好不好，会直接影响到经营成果，也成为拉开农户之间贫富差距的主要因素。

二、家庭经营的管理内容

按照经营管理的基本原理，结合我国当前农村家庭经营的

要求，农户家庭经营的管理主要应完成以下四项工作（即职能）。

一是组织指挥。要求由家庭经营的管理者，组织家庭成员以及帮工或雇工等人员，严格按照决策要求和计划，合理分工、各司其职，从事预定的生产和经营活动。目的是为避免“多头指挥”。

二是控制监督。主要是对决策、计划的实施过程、参与生产经营的每个人、各个阶段和各个环节的完成进度、质量、效益等进行及时地掌握和纠正。目的是为避免生产经营活动偏离既定目标。

三是协调疏导。主要是通过对家庭内外部关系或矛盾的处理、协调和疏导，确保内部和谐、士气高昂，同时，与家庭外部有关方面建立良好的关系，并经营好沟通渠道。目的是不断增强家庭经营的活力。

四是开拓创新。主要是使家庭经营要不断适应社会经济和市场经济的变化，并能在瞬息万变的市场经济中不断寻求到新的发展机会，敢于接受新鲜事物，不断学习新知识、新技术。目的是不要有墨守成规的落后意识。

第二节　专业大户与家庭农场的经营

一、土地有序流转才能稳定发展

土地既是农业最重要的生产要素，其使用权也是农民最重要的权利。以农村土地家庭承包经营为基础发展专业大户、家庭农场，就需要通过流转土地经营权来扩大规模。按照中央的要求，依法赋予农民更加充分、更有保障的土地承包经营权，现有土地承包形成的全部权利义务关系保持稳定。

农村土地承包经营权流转是随着农村劳动力转移而出现的

必然现象，反映了农地合理利用和优化配置的客观要求，适度规模经营、提高农地利用率和劳动生产率具有重要作用，是发展专业大户、家庭农场的必要条件。

专业大户、家庭农场在土地流转过程中，要依法办理土地经营权流转手续，使流转的土地有一个稳定的经营预期，才能保证经营土地的稳定性和可持续利用。

二、量力而行确定生产规模

由于对专业大户没有户籍和雇工方面的限制，其经营规模的上限没有规定。而对于专业大户、家庭农场，因为要求以家庭成员为主要劳动力，就有一个适度经营规模的问题。

[小贴士]

种养大户标准

我国调查种养大户标准：经营耕地面积在50亩以上，年出栏生猪50头以上，年存栏500只以上蛋鸡或年出栏2 000只以上肉鸡，年存栏奶牛10头以上。

三、懂技术还要善经营会管理

与传统农户相比，专业大户、家庭农场的一个显著特点是集约经营。所以，经营者应做到懂技术、善经营、会管理，这样才能把地种好，把畜禽养好，增加经济收入。

四、认证登记与做好生产纪录

专业大户、家庭农场是在家庭承包经营的基础上发展起来的。

专业大户、家庭农场，如果是经过登记的企业法人，应有独立的企业台账，做好财务收支记录；如果只是经过认定的自然法人，虽然没有严格的财务管理规定，做好财务记录对于成本核算也是有好处的。做好生产记录，是了解生产过程、开展农产品质量追溯的基础。你的产品好不好，生产过程是否符合标准化生产的要求，往往要通过生产记录来证明。同时，完整的生产记录有利于总结经验，发现问题也好查找出来。

五、合适的市场与对路的产品

专业大户、家庭农场，绝大多数是以一业为主，而且生产的农产品比较稳定，受农产品市场和价格影响较大。因此，应当立足当地的自然资源和市场优势，生产适销对路的农产品。如果是特种种植或者养殖产业，一定要做好市场调查，防止生产出来的产品卖不出去。即使是当地习惯生产的农产品，也会出现市场风险。

六、生产过程需要分工合作

随着现代农业发展和家庭经营规模扩大，许多专业大户、家庭农场不仅需要雇用长期工，还需要雇用短期工。特别是大田粮食作物有季节性，农忙时人手不够的现象很普遍。近年来，农忙季节临时雇工非常困难，且价格不断上涨。因此，充分利用农民合作社和各类农业社会化服务组织，把一家一户办不了或者办起来不划算的事，通过社会化分工，由各类服务组织去做，是一个既省力又省钱的办法。

社会分工是提高工作效率的重要组织形式。发展生产大户和专业大户、家庭农场，也是我国实现农业生产专业化、规模化的重要途径。因此，我们要认识到小而全自给半自给小农生产模式的局限性，培养合作意识要家庭成员合理分工，明确工作目标和责任，还要在生产过程中充分利用社会资源，提高工作效率和经济效益。

第三节　专业大户与家庭农场的理财

“吃不穷穿不穷，算计不周一辈子穷”。很多人认为，比力气，自己有的是；论头脑，自己也不笨。汗不怕流、苦不怕吃，但到头来为啥还是四壁空空，一贫如洗？原因可能多种多样，但最关键的就是不会盘算或者只算“肚皮账”，眉毛胡子一把抓，只有一本糊涂账。不会打理，该挣的挣不到，《增广贤文》那句“富从升合起，贫因不算来”说的就是这个道理。

一、什么是理财

理财就是管理自己的财富，并提高财富的效能的经济活动。通俗来说，理财就是赚钱、省钱、花钱之道，也就是打理钱财。所以，理财是对今后的一种规划，是对未来生产生活、子女教育、养老等方面的财富安排、增值计划。理财的关键就是开源节流，通过生产经营项目来开源，通过生活和家产规划来节流。

常言道：你不理财，财不理你。虽然农民现在还不是很富裕，但是随着家庭收入的不断增加，手里的闲钱也逐渐多了起来，使得家庭理财需求也变得越来越强烈，农民家庭的理财就和家庭经营管理活动紧密联系在一起。

二、农民家庭的理财方法

农民家庭的理财与城市工薪家庭有许多不同之处，后者往往有固定的收入来源，并能获得较多理财产品的服务。而就农民家庭来讲，要做好家庭预算，你得把自己的全部财富分成 3 份：第一份用来确保满足现有生产经营项目对资金投入的需要，第二份用以保证家庭物质文化生活的需要，剩余的第三份才是我们手里的闲钱，如何用好用活这 3 份钱，是农民家庭理财的主要内容。搞好家庭经济核算，这是农民家庭理财的基础。用兵之道，要做到“知己知彼”，如果我们连自己的“家底”都不清楚，那就犯了兵家大忌了。

农民家庭经济核算，简单地讲就是要在记好家庭经济账的基础上，做好一定时期内收支的计算、比较和分析。据此才能查明盈利和亏损的原因，从中找到降低支出、增加收益的方法，帮助我们正确决策，及时发现并修正在决策、计划中出现的误差，找到弥补的办法和措施。

如何搞好农民家庭经济核算呢？提出以下建议。

(1) 创造条件坚持搞好家庭经济账。可在当地有关专业人员（如村会计）的指导下自行记好家庭账，或联合几户共同聘请会计记账。

要根据需要购买必要的账本、表册，杜绝“肚皮账”。

账目登记要做到“桥归桥、路归路”。也就是将生产经营的收支与生活消费的收支，要严格分开来记录，不能混淆不清。

登记账目要及时并按时间顺序逐笔记录清晰，不能记“堆堆账”，记账靠回忆，账目也不会清楚。

(2) 确立正确的理财准则。在大多数老百姓眼里，“投资理财=储蓄”，但在物价涨得比利率快的情况下，把闲钱存在银行，实际价值却在缩水。所以说，长时间存放大量的闲钱会造成家庭财务的“通货膨胀”。所以，科学理财必须遵循以下 4 条准则。

你的理财的目的是什么？家庭理财的根本目的就是家庭财产保值、增值，使家庭经常处于“收入大于支出”的状态，不会因为“无钱”而导致家庭财务危机，影响家庭生活。

你的风险承受力有多大？切勿追收益忘风险。比如民间借贷不能只看到它的高额收益，更要考虑其风险。

你能够理性消费吗？消费要量力而行，不要盲目和攀比，尤其是建房、购物和五花八门的人情消费，应该有自己的底线，所有的支出都要“量入为出”。

你给自己留好退路了吗？要注意确保自己及家人医疗养老保障等没有后顾之忧，要有专门的储备，轻易不要动用。

(3) 精心打理自己的家产。如何才能打理好自己那份家产呢？

第一，要养成良好的理财习惯。要领是切勿把“小钱”不当钱，要有“小流也能汇成川”的理财观念。

第二，要有合理的理财目标。要常常问问自己：想达到什么样的理财效果？是保值呢？还是减少开支？是要扩大经营规模呢？还是要建房、子女教育、养老？理财目标不同，可选的方法也不同，如果是用以养老或子女教育，那么最好选择风险较小的理财方式。

第三，要掌握合理的理财方法。低收入家庭承受风险能力较差，理财要求绝对要稳健，储蓄是首选；中高收入家庭除确保家庭经营的近期和长远发展外，可在有关专家或有经验的亲朋好友指导下，适当拓宽理财渠道，以分散理财风险，增大理财效果，例如，可以适当涉足包括储蓄、债券、银行理财产品、基金或股票在内的投资组合。

第四，要有健康的理财心态。这是农民家庭理财最关键之处，绝不能存有赌博的心理，不要参与“高利贷”，“高利贷”经常会造成血本无归。其实对绝大多数农户来讲，家庭理财更多的是合理规划目前的收支，多为将来积累一些资金。

第四章　农民专业合作社

农民专业合作社作为新型农业经营主体，正在我国广大农村蓬勃发展，成为当前农村改革和经济发展的一个亮点。农民专业合作社作为农民自愿组成的组织，如何办合作社才能更好地为成员提供综合性服务？

第一节　农民专业合作社的性质及作用

一、民办民管民受益

农民专业合作社是在农村家庭承包经营基础上，同类农产品的生产经营者或者同类农业生产经营服务的提供者、利用者，自愿联合、民主管理的互助性经济组织。以其成员为主要服务对象，提供农业生产资料的购买，农产品的销售、加工、运输、贮藏以及与农业生产经营有关的技术、信息等服务。合作社成员以农民为主体，以为成员服务为宗旨，成员地位平等，实行民主管理，谋求全体成员的共同利益，盈余主要按照成员与农民专业合作社的交易量（额）比例返还。所以，农民专业合作社是“民办民管民受益”。

二、做一家一户做不了的事

我国农户承包经营的土地规模小，平均每户只有七八亩地。许多事情一家一户做不了，或者做起来不划算。

农民专业合作社的发展，提高了农民的组织化程度，为农业机械化提供了条件。为解决这个难题找到了一条途径。

许多地方成立了农机专业合作社，为农户提供耕种、病虫害防治、收获等生产服务。

三、保护农民合法的承包权

据国家统计局信阳调查队范宝良对100个农户进行的土地承包经营权流转意向问卷调查，80%的农户虽然愿意流转土地承包经营权，但即使在有利益补偿或完善的社会保障的情况下，愿意放弃土地的农户只有40%。而在没有利益补偿的情况下，即使已经在城市工作和生活的农民工也不愿放弃土地权益。

第二节　农民专业合作社的权利

根据《中华人民共和国农民专业合作社法》（以下简称《农民专业合作社法》）第十六条的规定，农民专业合作社的成员享有以下权利。

（一）享有表决权、选举权和被选举权

参加成员大会，并享有表决权、选举权和被选举权，按照章程规定对本社实行民主管理。

（1）参加成员大会。这是成员的一项基本权利。成员大会是农民专业合作社的权力机构，由全体成员组成。农民专业合作社的每个成员都有权参加成员大会，决定合作社的重大问题，任何人不得限制或剥夺。

（2）行使表决权，实行民主管理。农民专业合作社是全体成员的合作社，成员大会是成员行使权力的机构。作为成员，有权通过出席成员大会并行使表决权，参加对农民专业合作社重大事项的决议。

（3）享有选举权和被选举权。理事长、理事、执行监事或者监事会成员，由成员大会从本社成员中选举产生，依照《农民专业合作社法》和章程的规定行使职权，对成员大会负责。所有成员都有权选举理事长、理事、执行监事或者监事会成员，也都有资格被选举为理事长、理事、执行监事或者监事会成员，但是法律另有规定的除外。在设有成员代表大会的合作社中，成员还有权选举成员代表，并享有成为成员代表的被选举权。

（二）利用本社提供的服务和生产经营设施

农民专业合作社以服务成员为宗旨，谋求全体成员的共同利益。作为农民专业合作社的成员，有权利用本社提供的服务和本社置备的生产经营设施。

（三）按照章程规定或者成员大会决议分享盈余

农民专业合作社获得的盈余依赖于成员产品的集合和成员对合作社的利用，本质上属于全体成员。可以说，成员的参与热情和参与效果直接决定了合作社的效益情况。因此，法律保护成员参与盈余分配的权利，成员有权按照章程规定或成员大会决议分享盈余。

（四）知情权

查阅本社的章程、成员名册、成员大会或者成员代表大会记录、理事会会议决议、监事会会议决议、财务会计报告和会计账簿成员是农民专业合作社的社员应有的权利，对农民专业合作社事务享有知情权，有权查阅相关资料，特别是了解农民专业合作社经营状况和财务状况，以便监督农民专业合作社的运营。

（五）章程规定的其他权利

章程在同《农民专业合作社法》不抵触的情况下，还可以结合本社的实际情况规定成员享有的其他权利。

第三节　农民专业合作社的义务

农民专业合作社在从事生产经营活动时，为了实现全体成员的共同利益，需要对外承担一定义务，这些义务需要全体成员共同承担，以保证农民专业合作社及时履行义务和顺利实现成员的利益。

根据《农民专业合作社法》第十八条的规定，农民专业合作社的成员应当履行以下义务。

（一）执行成员大会、成员代表大会和理事会的决议

成员大会和成员代表大会的决议，体现了全体成员的共同意志，成员应当严格遵守并执行。

（二）按照章程规定向本社出资

明确成员的出资通常具有两个方面的意义。

一是以成员出资作为组织从事经营活动的主要资金来源。二是明确组织对外承担债务责任的信用担保基础。但就农民专业合作社而言，因其类型多样，经营内容和经营规模差异很大，所以，对从事经营活动的资金需求很难用统一的法定标准来约束。而且，农民专业合作社的交易对象相对稳定，交易人对交易安全的信任主要取决于农民专业合作社能够提供的农产品，而不仅仅取决于成员出资所形成的合作社资本。由于我国各地经济发展的不平衡，以及农民专业合作社的业务特点和现阶段出资成员与非出资成员并存的实际情况，一律要求农民加入专业合作社时必须出资或者必须出法定数额的资金，不符合目前发展的现实。因此，成员加入合作社时是否出资以及出资方式、出资额、出资期限，都需要由农民专业合作社通过章程自己决定。

（三）按照章程规定与本社进行交易

农民加入合作社是要解决在独立的生产经营中个人无力解决、解决不好或个人解决不合算的问题，是要利用和使用合作社所提供的服务。成员按照章程规定与本社进行交易既是成立合作社的目的，也是成员的一项义务。成员与合作社的交易，可能是交售农产品，也可能是购买生产资料，还可能是有偿利用合作社提供的技术、信息、运输等服务。成员与合作社的交易情况，按照《农民专业合作社法》第三十六条的规定，应当记载在该成员的账户中。

（四）按照章程规定承担亏损

由于市场风险和自然风险的存在，农民专业合作社的生产经营可能会出现波动，有的年度有盈余，有的年度可能会出现亏损。合作社有盈余时分享盈余是成员的法定权利，合作社亏损时承担亏损也是成员的法定义务。

（五）章程规定的其他义务

成员除应当履行上述法定义务外，还应当履行章程结合本社实际情况规定的其他义务。

第四节　国家支持扶持合作社的主要政策和项目

根据《农民专业合作社法》第四十九条至五十二条规定，农民专业合作社享有以下优惠政策。

（1）国家支持发展农业和农村经济的建设项目，可以委托和安排有条件的有关农民专业合作社实施。

（2）中央和地方财政应当分别安排资金，支持农民专业合作社开展信息、培训、农产品质量标准与认证、农业生产基础设施建设、市场营销和技术推广等服务。对民族地区、边远地区和贫困地区的农民专业合作社和生产国家与社会急需的重要农产品的农民专业合作社给予优先扶持。

（3）国家政策性金融机构应当采取多种形式，为农民专业合作社提供多渠道的资金支持。具体支持政策由国务院规定。国家鼓励商业性金融机构采取多种形式，为农民专业合作社提供金融服务。

（4）农民专业合作社享受国家规定的对农业生产、加工、流通、服务和其他涉农经济活动相应的税收优惠。财政部、国家税务总局《关于农民专业合作社有关税收政策的通知》还对农民专业合作社享有的印花税、增值税优惠作出了具体规定：①农民专业合作社与本社成员签订的农业产品和农业生产资料购销合同免征印花税。②对农民专业合作社销售本社成员生产的农业产品，视同农业生产者销售自产农业产品免征增值税。③增值税一般纳税人从农民专业合作社购进的免税农业产品，可按13%的扣除率计算抵扣增值税进项税额。④对农民专业合作社向本社成员销售的农膜、种子、种苗、化肥、农药、农机，免征增值税。

第五节　农民专业合作社的运行模式

合作社的运行模式主要有以下几种。

（一）按经营方式分

1. 合作社+农户

农户主要通过自己的合作社把产品销往市场，具有鲜明的“民办、民营、民受益”的特点。

2. 合作社+基地+农户

这类模式的合作社一般都有一定数量的生产基地，合作社通过生产基地，指导农户生产，并按标准收购或代销社员产品。

3. 龙头企业+合作社+农户

这类合作社一般由农业产业化龙头企业发起。企业占合作社股份的绝大部分，社员交纳一定数量的会费，以劳动或产品入股。合作社的法人代表多数由龙头企业负责人兼任。合作社架起了龙头企业与农民之间的桥梁，成了企业的生产车间。

4. 合作联社+农户

这种组织模式由从事相关产业的不同合作社组成，形成产、加、销一体化经营的联合体，并在各环节上带动社员和农户。

（二）按合作社的领办方式分

1. 农民自办

在原专业大户的引导下，把同行业的农民组织在一起，发展规模经营。

2. 能人领办

充分利用有技术、有资金、有市场的“能人”的优势，带动农户共同发展。

3. 龙头企业领办

由龙头企业利用的品牌、人才、技术、营销等资源优势，按产业类型和产业布局，把当地农户组织起来，实行专业化生产，规模化经营。

4. 村级组织领办

由村“两委”班子成员根据产业发展需要，组建或领办农民专业合作社。形成“一村一社”或“多村一社”，可以进行“统一品种、统一育苗、统一生产技术、统一质量标准、统一销售”。

第六节 设立与管理农民专业合作社

包括政府对专业合作经济组织的宏观管理和专业合作经济组织的自我管理。

（一）民主管理

根据农民专业合作社章程规定，合作社成员应合理行使自己的权利和履行自己的义务。成员的权利和义务主要有选举权和被选举权；建议权和批评权；优先参加组织活动，优先获取信息资料和各种服务的权利；按照章程规定获得盈余返还的权利；求得组织帮助和保护的权利。同时，会员要遵守协会章程，执行协会的各项决议，参加协会活动，完成协议委托的工作，按规定交纳会费等。

按照《农民专业合作社法》第三十一条规定：执行与农民专业合作社业务有关公务的人员，不得担任农民专业合作社的理事长、理事、监事、经理或者财务会计人员。

（二）财务管理

农民专业合作社财务管理的主要特点如下。

（1）可以按照章程规定或者成员大会决议从当年盈余中提取公积金。公积金用于弥补亏损、扩大生产经营或者转为成员出资。每年提取的公积金按照章程规定量化为每个成员的份额或每个成员的一定比例的销售额。

（2）农民专业合作社应当为每个成员设立成员账户。成员账户主要记载该成员的出资额；量化为该成员的公积金份额；该成员与本社的交易量（额）等内容。成员账户的建立不仅为合作社年终分配提供了依据，而且是成员在合作社中的财产权利的具体体现。

（3）在弥补亏损、提取公积金后的当年盈余，为农民专业合作社的可分配盈余。可分配盈余按照下列规定返还或者分配给成员：①按成员与本社的交易量（额）比例返还，返还总额不得低于可分配盈余的60%；②按前项规定返还后的剩余部分，以成员账户中记载的出资额和公积金份额，以及本社接受国家财政直接补助和他人捐赠形成的财产平均量化到成员的份额，按比例分配给本社成员。具体分配办法按照章程规定或者经成员大会决议确定。

（4）设立执行监事或者监事会的农民专业合作社，由执行监事或者监事会负责对本社的财务进行内部审计，审计结果应当向成员大会报告。成员大会也可以委托审计机构对本社的财务进行审计。

第五章　农业社会化服务

建设中国特色现代农业，必须建立完善的农业社会化服务体系。要坚持主体多元化、服务专业化、运行市场化的方向，充分发挥公共服务机构作用，加快构建公益性服务与经营性服务相结合、专项服务与综合服务相协调的新型农业社会化服务体系。为了帮助大家了解为什么要农业社会化服务？农业社会化服务的具体内容有哪些？怎样发挥农业社会化服务的作用促进农业发展？本章帮助大家做一些分析，并提供一些案例作为参考。

第一节　新型农业社会化服务体系

提起农业社会化服务，我们并不陌生。新中国成立后，我国就逐步建立了农业技术推广、农村生产资料供销、农村信用社等农业社会化服务体系。改革开放以前，村里就有农业技术员，公社有农技站、信用社、供销社等服务机构。

改革开放以来，我国农业发展环境发生了深刻变化。在市场经济条件下，农业产业既需要政府在履行公益性服务职能中发挥主导作用，解决农业服务领域中市场缺失的问题，又要遵循市场经济规律，发挥社会各方面力量的作用提供经营性服务，这就对农业社会化服务提出了新的要求。

一、专业化生产引来专业化服务

新中国成立以来，我国农业发展大致经历了 5 个发展阶段：

一是以解决温饱问题为目标，“以粮为纲，全面发展”；二是以丰富人们的“菜篮子”为目标，“决不放松粮食生产，积极发展多种经营”“发展高产优质高效农业”，适应人们不断增长的多样化食物消费需求；三是以适应市场需求为目标，调整农产品品种和品质结构，改善农产品市场供求关系；四是以合理有效地配置农业生产要素为目标，优化农产品区域布局，发展“一村一品”“一镇一业”，提高农产品竞争力；五是以发挥农业的多功能作用为目标，加快转变农业发展方式。

二、农业社会化服务的内容

农业是多部门服务的领域，农民是多部门服务的对象，农业社会化服务涉及多个部门和领域。要坚持主体多元化、服务专业化、运行市场化的方向，充分发挥公共服务机构作用，加快构建公益性服务与经营性服务相结合、专项服务与综合服务相协调的新型农业社会化服务体系。

随着现代农业的发展，直接从事农业生产的人员会在不断减少。许多发达国家从事农业生产的人数占人口的比重已下降到5%以下，但是为农业服务的企业、服务组织的人数却超过直接从事农业生产的人数。从我国国情出发，农业社会化服务涉及的领域多，包括农业科技服务、农业生产服务、农业基础设施服务、农村经营管理服务、农村商品流通服务、农村金融服务、农村信息服务、农产品质量安全服务8个方面。

农业社会化服务的性质和内容不同，既有公益性服务，也有经营性服务。农业技术推广、科研、教育单位以及科学技术协会、妇联、共青团等社会团体和合作经济组织、企业等，在开展农业社会化服务中都发挥了重要作用。我们可以结合自己的需求，首先了解自己的工作属于哪些部门主管，然后再看看有关的政策，主动地争取相关的政策和资金支持，尽可能用好用足强农富农惠农政策。

三、加快发展农业社会化服务体系意义重大

农业社会化服务即由农业生产经营主体把生产过程中的某些环节和项目，交由社会有关单位和组织来承担和完成，通常是交由政府公共服务部门、农业合作经济组织和社会其他服务机构组成的组织体系来完成。通过农业的社会化服务，满足农、林、牧、渔等产业发展中产前、产中、产后过程的各类需求，能极大地提高农民的组织化程度，促进农业专业分工、农民转岗转业，推进现代农业和农村经济又好又快发展。

（一）是对农村基本经营制度的完善

推行了以家庭联产承包为基础的统分结合的双层经营体制，“家庭分散经营”切实保障了农民的生产经营自主权、收益权，极大地解放了农村劳动生产力，调动了广大农民群众的生产积极性，促进了农业生产特别是粮食生产的发展，较好地解决了农民的温饱问题。但是随着农村经济形势的快速发展，这一经营制度也暴露出了一些弱点，“小生产”与“大市场”脱节的问题尤为突出，“集体统一服务”的功能明显滞后，“分”有余，而“统”不足，而发展农业社会化服务体系能够较好地解决一家一户办不了、办不好或办起来不经济的事，强化了“统”的功能，真正实现有统有分、统分结合，有利于稳定家庭承包经营这一农村基本经营制度。

（二）是发展现代农业的客观要求

以家庭承包经营为基础的双层经营体制是党在农村最基本的一项政策，必须长期坚持，长久不变，家庭分散经营也必将长期存在。在家庭分散经营的条件下，还必然存在着生产主体多、生产规模小、生产水平低等问题。一方面，随着农业生产专业化、商品化程度的提高，农业生产对社会化服务的依赖程度会越来越高，作为商品的生产者和经营者，农户对社会化服

务的需求将不断增长，需要由产中服务发展到产前、产中、产后的系列化服务，对服务范围与质量也有更新的要求。另一方面，随着二三产业的发展，呈现出农业兼业化、副业化，普遍存在“在家劳力不当家，当家劳力不在家”的现象，先进农艺、农技推广和科技兴农难于实现。通过发展农业社会化服务体系，使用先进的生产手段和先进的科学技术，提供统一高质量的服务，使产销各个环节逐渐实现社会化，还可以按照市场需要，引导一家一户的生产向专业化、区域化发展，推进农业产业化进程，加快形成农业产业集群，促进现代农业发展。

（三）是发展现代服务业的重要内容

现代农业发展需要建立一个较为完善的农业社会化服务体系，其中可以有不同层次、不同经济成分、不同业务性质的众多独立的经营单位，但其共同性的任务是向农业提供服务，包括为农业提供市场信息、金融信贷、生产资料、各种生产技术指导以及农副产品收购储存、运输、加工和销售等服务，并以章程、合同或协议等形式与服务对象联结在一起，形成一个产业群，它是第三产业在农村中的重要组成部分，发展的市场十分广阔，发展潜力十分巨大，必将成为服务业发展新的增长点。同时，农业社会化服务体系的完善，不但服务组织自身可以吸纳较多的农村剩余劳动力，而且又为农村劳动力向二三产业转移提供了条件，反过来又促进了城市服务业的发展。

（四）是生产经营的好帮手

随着我国工业化、城镇化的推进，农村劳动力大量向二三产业和城镇转移，一方面缓解了农村剩余劳动力的压力，为城市发展、农民就业和增收做出了贡献；另一方面造成农户兼业化、村庄空心化、人口老龄化，对农业生产经营服务提出了新的要求。通过农业社会化服务可为季节性在外打工和家庭劳动力不足或缺少技术的农户提供从种到收各环节的服务，是农业生产经营的好帮手。

农户可在依法、自愿、有偿的前提下，根据自己的生产能力，按照自己的实际需要，自愿选择菜单式服务、全程托管服务，或者承租型合作模式把土地承包经营权流转给合作社、种粮大户、家庭农场等新型农业经营主体，实现规模经营。

第二节　农民合作社提供农业社会化服务的策略

一、不花钱为农民提供便捷高效的服务

由于农业在国民经济中的基础性作用，农民增收又事关我国全面建成小康社会，中央把解决“三农”问题摆在各项工作重中之重的位置，各级政府及有关部门出台了一系列强农富农惠农政策，许多农业社会化服务都有政府财政支持，农民不用花钱，就可以方便地享有这些公益性服务。

随着农业生产力水平的提高，农业产业的多样性与农民个体需求多样化和现代传媒技术的应用，对农业技术推广内容、手段、方法提出了新要求。各地各有关部门创新服务方式和手段，增强服务的时效性、针对性，为农民提供了便捷高效的服务。

二、便捷、准确地获取信息

农民对信息的需求已涵盖到农业生产、加工、流通、科研教育、技术推广、消费等各个方面。

面向现代农业建设，社会化服务已经不是靠“一张嘴、两条腿”。过去一个村只有一部电话，还不是什么人都能用。现在不仅许多农民家里有固定电话，个人有移动电话，还连接了宽带上网，信息传播手段多样化。

便捷、准确地获取信息是农村生产摆脱盲目性的基础，也是提高生产效率、交易效率的有效途径。目前，我国农业信息服务呈现出服务内容多样化、服务手段现代化、服务渠道社会

化的趋势。利用电视、短信、网络等现代信息手段，足不出户便能知“天下事”，为快速、及时地获得信息开辟了新的途径。

三、解决资金不足

近年来，随着农村经济发展，农户贷款难成为制约农村经济发展的瓶颈，受到党和政府的高度重视。金融机构响应中央的号召，积极创新金融产品和服务方式，推进农村信用体系建设。然而，农业弱质性特征决定了农业信贷的高成本、高风险，加之我国农户生产规模小、经济基础薄弱，缺少抵押物，银行的商业性质必然导致对开展信贷服务动力不足，农户贷款难成为农村经济发展和农民增收的制约因素。

四、农机服务走进千家万户

由于农村劳动力的季节性短缺，加上耕种、施肥、植保、收割等劳动强度大的农活，迫切需要社会化服务组织来承担。早在1986年，山西省太谷县五家堡村农民温廷玉买了一台东风牌联合收割机，与另5位村民一道，利用麦熟的时间差，从运城北上太谷沿途收麦，首先搞起了跨区专业。通过跨区作业，大幅度提高了农机的利用率，解决了“有机户有机没活干、无机户有活没机干”的矛盾，既提高了农机的利用率和农机手的效益，又满足了农民特别是外出务工人员对农机作业的需求，在生产方式上实现了规模化经营，是一个具有中国特色的农机社会化服务模式。

[经典案例]

山东省农机合作社的服务模式

山东省在工商部门注册的农机合作社约4 313个。其中主要有五种类型：一是农机大户联合型；二是农村能人带动型，主要由农村致富能手、村干部带动其他农机户创办的合作社；三是乡村集体农机服务组织改进型，将原来村农机作业队改制或乡镇农机站所属服务实体把用于经营的农机装备折价入股组建；四是农机企业领办型；五是农村社区创办型，由社区集体出资按股份制入社。

农机合作社以服务为手段，以节本增效为核心，积极创新农机合作社的服务模式：一是开展跨区作业；二是组织订单作业，这种方式已成为农机合作社为本地作业服务的主要方式；三是农田托管，既不改变土地承包经营权，又能实现土地流转规模经营，颇受农民欢迎；四是土地规模经营，农机合作社通过承包、租赁、互换、转让、股份合作等形式，把农户分散的土地连片经营，提高劳动生产率、资源利用率和土地产出率。

山东省农机作业服务总面积达 2.6 亿亩（其中农机合作社 8 664万亩），既根据农民需求提供各种社会化服务，又使农机经营者增强了服务功能，增加了服务收入。

五、专家大院专业化服务

农业科研、教育培训单位具有人才、成果密集的优势，是人才培养基地和技术成果的源头。长期以来，各地通过建设新农村发展研究院、农业综合服务示范基地、科技特派员、专家大院等方式，组织科技人员面向农村开展农业技术推广，发挥了非常重要的作用。

[经典案例]

农业专家大院的运行模式

西北农林科技大学和宝鸡市政府合作，探索通过建设农业科技专家大院推动宝鸡市的农业科技推广体制改革。市财政拨专款在全市建成布尔羊、秦川牛、苗木花卉、特种玉米、杂交小麦、辣椒、果品、蔬菜、蚕桑、“万元田”等32个农业科技专家大院。专家大院修建220平方米的二层小楼，配备完善的生活设施，设有实验室、培训教室、图书资料室和科技咨询室。在院外规划建设了科技试验田和示范园（基地），使实验室与试验田连成一体，实现了农业科研、试验、示范、培训、推广的有机结合。

农业专家大院主要有以下运行模式：一是“专家+龙头企业+农户”的科技产业化模式。围绕主导产业，依靠专家的科研成果，进行动植物新品种培育、推广和产业化示范。引导涉农企业家接受新成果，并借助政府农业技术推广体系，进行规模化推广。二是“专家+技术推广机构+农户”的科技推广模式。通过专家建立实验田和高科技示范园区进行示范、田间指导、发放书籍、开设培训班等方式，让农民亲身感受采用新技术成果的效果与收益，促进农户采用新技术。三是“专家+科技企业+农户”的科技推广模式。在专家的指导下，涉农科技企业建立技术咨询室、良种供应点、技术指导站等服务平台，开展有偿技术服务和销售良种、化肥、农药等农资产品。通过收取技术服务咨询费或经营销售收入，支持技术推广。四是“专家+中介组织+农户”的科技推广模式。专家与从事农产运销等经营活动的中介组织就地设立产品集散市场，通过与其他市场、厂商建立营销关系，以及代理农户进行交易、运输等方式，在农户与市场之间发挥桥梁和纽带作用，降低农产市场交易成本与运输成本。五是“专家+科技示范园”的科技推广模式。通过建立科技示范园区，发挥专家在园区规划、项目设计、技术服务等方面的作用。

专家大院是为农业专家搭建的科技成果快速转化的一个平台，对专家而言，是科研中心、试验中心和新技术、新品种的推广中心；对农民而言，是技术培训中心和信息中心；对地区农业生产而言，是农业良种中心和科技龙头，有利于促进农科教结合、产学研结合。

六、做好与企业的合作

发展现代农业需要建立与之相适应的现代农业产业体系，实现农业产业化经营。用管理现代工业的办法来组织农业的专业化生产、一体化经营、社会化服务、企业化管理，仅靠农民自己是难以实现的。

解决分散的农户适应市场，进入市场的问题，是经济结构战略性调整的难点。农民种什么，养什么，发展什么，主要取决于产品能不能卖出去、卖个好价钱，这就需要了解市场情况，适应市场需求。企业具有适应市场、开拓市场、赢得市场的能力，从某种意义上说，农户与企业合作就是找到了市场。把千家万户的小生产与千变万化的大市场有机对接起来，可以有效降低市场风险，减少结构调整的盲目性。

目前，农村商品流通是按照生产→流通→农业生产→流通→市场这个流程在运行。农村商品流通环节多、成本高，已经成为影响农产品销售成本的重要因素。农产品经常出现“卖难”“买贵”的现象，主要问题出在流通环节。发挥农业生产企业和农民合作社对农户的带动作用，提高农民的组织化程度，帮助农户与企业对接，让农民直接从生产企业购买农业生产资料，以及通过“农超对接”“农社对接”“农校对接”等多种形式，减少流通环节，建立便捷、高效的流通体系，提高整个体系的活力和效率。

我国加入 WTO 后，国际农业竞争已经不是单项产品、单个生产者之间的竞争，而是包括农产品质量、品牌、价值和农业经营主体、经营方式在内的整个产业体系的综合性竞争。积极推进农业产业化经营的发展，有利于把农业生产、加工、销售环节联结起来，把分散经营的农户联合起来，有效地提高农业生产的组织化程度，把农业标准和农产品质量标准全面引入到农业生产加工、流通的全过程，创出自己的品牌，有利于应对加入 WTO 的挑战，全面增强农业的市场竞争力。

七、化解生产经营纠纷的捷径

在农业生产经营过程中，难免会出现纠纷。出现纠纷怎么办？到法院打官司是不得已才选择的办法。最好的办法是能够通过调解协商解决，农业承包合同纠纷还可以通过仲裁解决。

[拓展阅读]

农业承包合同纠纷仲裁

农业承包合同纠纷仲裁是指根据农业承包合同纠纷当事人的申请，由农业承包合同仲裁委员会依法进行受理并做出裁决，从而解决农业承包合同纠纷的一种制度。这个制度可以避免将农村土地承包经营纠纷提交法院解决，是化解生产经营纠纷的一条捷径。

根据《中华人民共和国农村土地承包经营纠纷调解仲裁法》，农业部、国家林业局制定了《农村土地承包经营纠纷仲裁规则》（以下简称《规则》）。

《农村土地承经营纠纷仲裁规则》

《规则》适用于因订立、履行、变更、解除和终止在履行农村土地承包合同过程中发生的纠纷，因农村土地承包经营权转包、出租、互换、转让、入股等流转发生的纠纷，因收回、调整承包地发生的纠纷，因确认农村土地承包经营权发生的纠纷，因侵害农村土地承包经营权发生的纠纷，以及法律、法规规定的其他农村土地承包经营纠纷。因征收集体所有的土地及其补偿发生的纠纷，不属于仲裁委员会的受理范围，可以通过行政复议或者诉讼等方式解决。

第三节　合作社社员参与社会化服务

一、专业合作社能提供的服务内容

随着农业专业化、商品化的发展，广大农民对社会化服务的要求更为迫切，需要产前、产中和产后系列化的服务产品，其内容也更具广泛性和多层次性，广大农民希望社会提供以下十方面的服务。

（一）销售服务

农民迫切需要社会提供稳定的销售服务，通过“订单”式生产、建立农副产品专业批发市场、组织营销经纪人直接上门收购等形式，解决农产品“卖难”问题。

（二）信息服务

要建立起信息的搜集、分析、整理、发布和利用的快速反应机制，为农民提供致富生产项目、生产结构调整、产品销售、生产资料价格、土地流转等信息，指导农民生产。

（三）科技服务

通过技术培训、技术辅导、技术咨询、技术承包等形式，帮助农民解决生产技术难题，为农民生产提供技术支撑。

（四）物资服务

主要是化肥、种子、农药等生产资料的供给，他们对购买农用物资更关心的是农资的价格和质量，也希望政府进一步规范农资市场，严肃查处坑农、害农等行为，保护农民切身利益。

（五）加工服务

为农民提供农产品的初级加工、冷藏保鲜等，既平衡市场供应，又提高了农产品的附加值，增加农民收益。

（六）劳务服务

农村劳动力的大量转移，劳务服务已呈现出旺盛需求，农民希望社会为他们提供“全程托管”“代耕代种”“统防统治”等服务。

（七）金融服务

在产业化经营的起步阶段，农民尤其需要金融的支持。要不断创新发展金融服务组织，丰富金融服务产品，优化贷款手续，降低融资成本，为农民提供融资、农业担保和农业保险等系列服务。

（八）经营决策服务

经营决策服务包括生产布局规划、项目可行性论证以及经营方面的意见、建议等，使决策更有科学性。

（九）政策服务

现阶段的农民比以往任何时候都渴望国家和各级政府提供一些政策性的服务。一方面希望能把现有政策落到实处，并能得到政策咨询、政策指导等方面的服务；另一方面，又寄希望能够出台更多、力度更大的扶持政策，包括产业发展的扶持政策，农产品总量的宏观调控政策，有利于服务组织发展的促进政策等。

（十）法律服务

法律服务主要是普法宣传、法律咨询、契约公证、合同仲裁和诉讼提供服务，帮助农民运用法律武器维护自身的合法权益。

二、农业社会化服务体系还不完备

对照农民的愿望和发展现代农业的要求，现有的农业社会化服务体系还很不完备，主要表现在以下几个方面。

一是从服务主体看，村经济合作社是社会化服务的基础，长期以来，为农民提供机耕、灌溉等服务，但由于受财力、人力、智力等因素的制约，限制了服务的广度和深度。基层农技推广部门是社会化服务的主力军，但服务人员年龄老化、知识单一、服务方式陈旧是其共性的问题。农民专业合作社是一支新崛起的有生力量，但也存在着规模小、实力弱和运作机制以及利益联结机制不完善等问题。目前，全市已建有专业合作社71家，社员6 200户，占全市农户数的7%，覆盖面还很小。农业龙头企业37家，同样也存在着服务功能不全、带动能力不强和利益联结不紧密等问题。各服务组织之间还存在着组织分散、互不联系配套等问题，影响了服务的整体效益。

二是从服务内容看，当前为农民提供的服务主要集中在统一提供良种和栽培技术、统一灌溉等有限项目上，服务项目单一，服务质量低，缺少针对性，而农民迫切需要的种植结构调整、标准化品牌化生产技术、农产品销售、加工、包装以及资金信贷等方面的服务仍然是短板，服务的有效性有待于进一步提高。

三是从利益联结看，当前基层农技推广部门的服务、集体经济组织的内部服务以及民间的各种合作性质的服务很少是视同商品实行等价交换，大都是作为扶持性或自助性服务以无偿或低偿的形式提供给每个农民，这就限制了农业社会化服务的商品化进程，也削弱了服务主体提供服务的内在动力。

四是从政策保障看，农业服务组织为农业生产提供各种服务，当前困难在于既得不到足够的财政支持，又不能按照市场经济等价交换的原则完全商品化，在开展服务活动中遇到资金、税收、用地等多种政策性障碍，制约了服务组织的自我发展。

三、农业社会化服务模式的现实选择

要加快构建以公共服务机构为依托、要以合作经济组织为基础、龙头企业为骨干、其他社会力量为补充，公益性服务和经营性服务相结合、专项服务和综合服务相协调的多元化、多层次、多形式的新型农业社会化服务体系。这个体系必须打破城乡、地区、行业、所有制的界限，广泛运用行政、经济和技术等手段，与农户结成经济共同体，为农户提供产供销一条龙服务，实行贸工农一体化经营。

（一）国家农技推广机构综合服务模式

政府主管的农业技术推广机构，承担着公益性的服务职能，并有技术、信息及网络等优势，通过联产业联基地联农户，对产业的规划布局、技术引进、示范推广等提供系列服务，促进优势产业发展。

（二）农村集体经济组织兴办各类服务组织模式

农村集体经济组织起着外联政府职能部门，内联广大农户的纽带作用。农村集体经济组织所提供的内部服务，是整个农村社会化服务体系的基础。因此，要大力发展村级集体经济，壮大村级经济实力，建立各类服务组织，强化集体统一服务功能，为农户生产经营实行全程服务。

（三）农民专业合作社（或产业协会）模式

农民专业合作社是以产业为基础、资金为纽带，将单个农民组织起来的合作经济组织，为农户提供信息、技术、购销等产前、产中、产后的服务，随着组织规模的扩大和建设规范，必将成为农业社会化服务的重要力量。在合作社巩固和发展的基础上，各合作社又可自愿按产业联合，逐步组成从地方到中央的联社或产业协会，代表农民在经济、法律、税收等方面的利益，保持与政府及国内外合作组织的联系。

（四）村级综合服务社模式

结合农村新社区建设，建设以村部办公、生产生活资料供应、社区卫生服务、文体活动和教育培训“五位一体”为主要内容的村级综合服务社，让农民群众在家门口享受系列公共服务。

（五）农业龙头企业模式

农业龙头企业一头联市场，一头联基地联农户，企业利用自身的加工、冷藏、包装、市场等设备设施优势，负责收购农产品加工原料或销售鲜食农产品，其“订单”式一条龙服务更受农民欢迎，极大地提高了农民抗御自然风险和市场风险的能力，对推进产业发展，促进农民增收有较强的带动作用。

（六）农村经纪组织（人）模式

农村经纪组织（人）利用掌握市场信息较广的优势为生产者和销售商之间架起沟通的桥梁，在确保产品质量和数量的前提下，为生产者提供产品销售信息，为销售商提供产品供应信息，有力地促进产品的市场流通。

第二篇　农产品质量安全与市场营销

第六章　农产品质量安全

第一节　农产品质量安全与职业农民

农业安全问题由来已久，随着社会发展和全球化进程的加快，农业安全问题越来越突出，成为影响国家安全的重要问题。

一、农业安全和农产品安全

（一）农业安全

农业安全（或农业产业安全）是指采取有效的国家行动，避免内部和外在因素的变化危及我国农业在国民经济中的基础产业地位，确保农业可持续发展。农业安全的内涵应包括以下几个要义：①确保粮食安全；②确保实现农业的可持续发展，主要有生态的可持续性、经济的可持续性、生产可持续性和社会可持续性；③解决农民问题，确保农民安全；④调整农业产业结构，确保农业产业的国际竞争力。所以，农业安全包括粮食安全、农业生产安全、农产品安全和农民安全。

（二）粮食安全

联合国粮农组织将粮食安全定义为：所有的人，在任何时间，都能够买得到和买得起足够、安全和营养的食物，以满足活跃、健康的生活所需的饮食需求和消费偏好。

（三）农业生产安全

指影响农业生产健康运行的各因素处于良好的状态。农业生产安全包括农业环境安全（或农业生态安全）、农业生物安全、农业资源安全和农业体制安全。

（四）农产品安全

农产品安全来自于食物安全，国际营养大会上定义食物安全为“在任何时候人人都可以获得安全营养的食物来维持健康能动的生活”。农产品质量安全含义为：食物应当无毒无害，不能对人体造成任何危害，也就是说食物必须保证不致人患病、慢性疾病或者潜在危害。

（五）农民问题和农民安全

主要指农民作为社会生活的主体其发展状态的不稳定，包括农民的生存安全（指中国农民的绝对贫困和相对贫困共存的状态以及实现现代化过程中所面临的不断被边缘化的趋势，涉及农民的贫困状况、受教育程度、健康状况和失业问题）、收入安全（收入水平低、增收困难、收入不稳定）和社会地位安全（即社会、文化、政治地位上的贫困以及风险和面临风险的脆弱性）。

二、粮食安全问题与对策

（一）关于我国粮食安全问题的认识

（1）粮食安全不是短期问题，而是长期问题。对我国粮食安全问题的一个基本判断是：短期无虑，长期堪忧。

（2）粮食安全主要不是流通问题，而是生产问题。事实上，只要有了充足的生产，无论通过什么渠道，总是会输送到消费者那里去的。关键是生产水平和生产能力。

（3）粮食安全不是谷物问题，而是食物问题。

（4）粮食安全主要不是价格问题，而是数量问题。人们对粮食安全问题的高度关注，是从粮食价格上涨引发的。但是，粮食安全问题主要是数量问题，而不是价格问题。

（5）粮食安全不是局部性问题，而是全局性问题。

（6）粮食安全不是农民的目标，而是政府的目标。

（二）粮食安全程度的衡量指标

对于一个国家来说，从政策操作的角度看，以下几个方面的因素（指标）有重要实际意义：第一，国内生产与需求的平衡情况，这也就是自给率。自给率水平越高，国家粮食安全的保障程度越高。第二，国内供求缺口与国际市场出口总量的比例。也就是进口占国际市场的比例。这个比例越低，粮食安全的保障水平越高。第三，进口粮食（食物）外汇占出口总额外汇收入的比例。这个比例越低，说明进口的支付能力越强，粮食安全的保障程度越高。

（三）世纪我国粮食安全面临的挑战

1. 我国粮食安全的内忧

粮食基本生产要素的供给达到危及粮食安全的警戒线。

我国农业生产体系不适应 21 世纪农产品质量安全的需求增长。

2. 我国粮食安全的外忧

我国粮食安全的外忧主要体现在纳入世界体系的中长期效应：农业依赖性发展和边缘化的风险。我国农业的依赖性发展，指我国农业出口导向的先进部门和地区的发展，由于对国际市场以及对国外先进技术的双重依赖，而不能自主发展。我国农业的边缘化，是指我国农业经济的主要构成和大多数以农业为主的地区，在纳入世界体系的过程中，不能分享全球化的利益，与农业发达国家以及本国繁荣的先进部门和地区的差距越来越大，趋于萧条和衰败的发展态势。

我国农业依赖性发展的风险主要来自贸易自由化、国际资本加快进入我国具有发展潜力的农业产业，以及我国与发达国家在农业技术上的巨大差距。

我国农业在世界体系中边缘化的风险来自我国农业在世界市场的长期角逐中极为不利的竞争地位以及我国农业保护的低水平。

（四）我国国家粮食安全的战略思考与对策

1. 实施农业可持续发展战略

适度增加粮食进口，利用国际资源和市场减轻我国农业资源和环境的压力，配合消费需求的引导和符合我国国情的膳食结构的形成。其次，加强对水土资源特别是耕地资源的保护，增加生态环境治理的投入，改善农村生态环境。借鉴国外发展持续农业的理论和实践，形成有利于我国农业可持续发展的体制和技术支撑体系。

2. 推进我国农业创新体系的建设

农业生产体系的创新；农业科技创新体系的建设；农业组织创新。

3. 加强对我国农业保护和支持的力度

①设置可以降低我国农业安全外部威胁的“防护墙”。②充分运用不受 WTO 规则限制的“绿箱”政策，加强对我国相对落后的农业产业和欠发达农村地区的支持。③在 WTO 规则允许的国内支持空间内，加强对优势农业产业的投入和管理。④建立和完善农业保险体系，增强我国农业的风险承受能力。

4. 建立我国农业安全的集成监测预警系统

对农业资源和农业生态环境的变化、农业对外依赖程度等进行跟踪集成监测。建立农业安全预警模型，对我国农业安全态势的动态作出具体分析和评估，就威胁我国农业安全的风险及时提出预警。

（五）保证我国粮食安全的措施

1. 提高政府粮食管理水平的措施

（1）提高粮食（谷物）转化效率。包括提高畜牧业的生产效率和用粮工业的生产效率，将一方面减少对粮食的需求，另一方面增加非粮食产品对粮食的替代作用。

（2）引导粮食消费结构的调整。食品工业的发展，生活方式的变化，会逐步改变人们的消费习惯。

（3）适当进口弥补不足。这是合理利用国内和国际两个市场的需要。我国农产品贸易的总体思路是增加劳动密集型产品如蔬菜水果和加工品的出口，而增加土地密集型产品包括粮食产品的进口。

（4）在粮食储备方面应当调整思路。树立社会储备概念；明确界定国家粮食安全储备目标，只能是调节短期内的供求平衡；完善储备粮管理机制，建立和不断完善全国统一的中央储备粮管理体系。

2. 加强农民生产粮食积极性的措施

完善我国直接补贴政策。

完善最低收购价格政策。

3. 加强农业生产能力建设的措施

一是坚决实行最严格的耕地保护制度。

二是增强农业科技推广能力。

三是增强土地的抗灾能力和可持续生产能力。

四是增强农民的发展能力。

三、农业生产安全问题与对策

（一）农业环境安全问题与对策

1. 农业环境安全问题

目前，我国农业环境安全问题主要有以下几个方面：①灾害频发。②温室气体排放及其对全球气候的不良影响。③农业生态环境不断恶化。

2. 影响农业环境安全的因素

①人类活动对农业生态系统和农业环境的破坏。如生境的破坏、土地沙化、污染等。②农业生产过程对农业生态系统内部的破坏和外部环境的污染。如化肥、农药的使用等。③外来生物入侵对生态系统平衡的破坏。

3. 农业环境安全对策

加强环境保护的制度建设和法规执行力度；加强保护环境的宣传，提高全民的环保意识；提高农业生态系统的防灾减灾能力。

（二）农业生物安全问题与对策

1. 农业生物安全问题

主要的农业生物安全问题有：①生物多样性丧失和物种退化。②生物入侵。③转基因生物风险。

2. 农业生物安全对策

加强科学研究；加强生物多样性和物种保护；加强农业生物安全的预警体系建设；科学进行农业生物管理。

（三）农业资源安全问题与对策

1. 农业资源安全问题

农业资源安全的突出问题有：①水资源，水资源危机表现在人均水资源占有量少、水资源空间分布不均衡、农用水资源污染严重。②土地资源，耕地资源的危机主要表现在人均耕地资源少、耕地质量差、后备资源不足、荒漠化和非农建设用地造成耕地资源快速减少、耕地污染严重。③种质资源，主要是农业种植资源的丧失和保护问题。

2. 农业资源安全对策

加强资源的保护和科学利用。

(四) 农业体制安全问题与对策

1. 农业体制安全问题

主要表现在：①在经营体制上，以家庭为单位的分散经营方式与农业生产力发展要求的不协调。②在管理体制上的部门分割、行业分割等阻碍农业整体素质和效益的提高。③在制度上，城乡二元结构及其农业产业政策不适应当今中国社会和经济发展的需要。

2. 农业体制安全对策

设计城乡一体化制度；管理体制上的协调统一；经营体制上向大生产方式转变。

四、农产品安全问题与对策

(一) 农产品、食品和可食用农产品的含义

广义的农产品是指人类有意识地利用动植物生长机能以获得生活所必需的食物和其他物质资料的经济活动的产物。一般将其中可以直接作为食物或作为食物的主要原料产品的那部分，称为可食用农产品，它是研究农产品质量安全的主要对象。

食品（食物）是指人类生存与发展所需的最基本的物质生活资料。食品和农产品的内涵有差异，外延有交叉。

(二) 现阶段农产品质量安全水平

有机农产品。有机农产品所强调的是有机农业的产物，通常是指来自于有机农业生产体系，根据国际有机农业生产要求和相应的标准生产的，并通过独立的有机食品认证机构认证的农产品。

绿色农产品。绿色农产品是遵循可持续发展原则，按照特

定生产方式生产，经专门机构认定，许可使用绿色食品商标标志的无污染的安全、优质、营养类食品。绿色农产品分 A 级和 AA 级。

无公害农产品。无公害农产品是指产地环境、生产过程和产品质量符合国家有关标准和规范的要求，经认证合格获得认证证书，并允许使用无公害农产品标志的未经加工或者初加工的安全、优质、面向大众消费的食用农产品。

（三）我国农产品质量安全问题

我国目前农产品质量安全存在的主要问题如下：①化肥农药等残留污染问题越来越严重；②食物加工中滥加化学添加剂，导致全国食物中毒现象日益严重；③食物健康污染问题变得愈来愈严重、难控制；④农产品及其加工产品出口面临挑战。

（四）影响农产品质量安全的因素

1. 生产环境的污染

生产环境污染主要来源于产地环境的土壤、空气和水。

农产品在生产过程中造成污染主要表现为过量使用农药、兽药、添加剂和违禁药物造成的有毒有害物质残留超标。

2. 遭受有害生物入侵的污染

指农产品在种（养）殖过程中遭受致病性细菌、病毒和毒素入侵的污染。

3. 人为因素导致的污染

农产品收获或加工过程中混入有毒有害物质，导致农产品受到污染。

（五）农产品质量安全保障与对策

1. 农产品质量安全生产的内部保障

（1）激发生产企业内在动力。农产品生产企业按照无公害农产品质量标准组织生产的积极性是保障产品质量安全的前提。

（2）产地环境管理。农产品产地环境质量包括空气环境、土壤环境和水环境等。无论是无公害农产品还是绿色农产品的生产，产地环境建设都是保证农产品质量安全首先要考虑的问题。

（3）投入物的使用管理。农业生产系统的质量管理不仅体现在生产中，还需要向前延伸紧密结合投入物的质量监控，才能为产后环节提供良好的起点。

（4）开展良好农业规范（Good Agriculture Practices，缩写为 GAP）认证工作。

2. 农产品质量安全供给的外部保障

（1）制度环境建设。建立一个良好的制度环境是保障农产品质量安全的前提，农产品质量安全生产环节的内部管理和发展，必须与外部相关制度环境相适应。

（2）市场环境建设。要充分考虑农产品生产和经营者过于分散的现实特点，一方面通过各种专业组织形式加强生产环节的联合与协作；另一方面通过非正式组织渠道使小生产者联合起来组建小企业集群，增强交易信息透明度，减少交易费用，缓解农产品小生产和大市场的矛盾，并创建一个易于规范的农产品市场交易主体环境。

（3）监管体系建设。监管体系的建设纵向涉及国家、省部和地方各级机构建设，横向涉及环保、质检及工商等多部门分工和协作。

（4）建立食用农产品风险补偿机制。补偿制度是处理紧急疫情的有效保障，第一，要通过评估部门计算出产品成本和建议补偿额度。第二，要根据养殖场（厂）内部防疫管理工作制度和工作记录分析质量责任大小，确定政府和企业承担损失的比例。第三，要处理好养殖户和经销户的损失补偿关系。第四，要确定政府补偿经费的来源是保证补偿制度顺利实施的关键，要研究中央政府和地方政府对补偿经费的负担水平，确保补偿到位。

3. 农产品质量安全保障对策

进一步完善法律体系，增强依法监管的力度；推广标准化生产，确保农产品安全；构建长效机制，提高监管实效；强化宣传教育，提高安全意识。

五、农民安全问题与对策

（一）农民安全问题

我国的农民安全问题具体表现如下。

1. 农民生存不安全

指当前农民绝对贫困与相对贫困并存的状态与实现现代化过程中不断被边缘化的趋势。第一，贫困人口是困扰中国农村发展的突出问题。第二，农村人口较低的教育水平、不良的营养和健康状况，以及不健全的社会保障体系。第三，农民就业的不安全。

2. 农民收入不安全

当前导致农民收入不安全的因素主要有 3 个。一是农业比较效益低，从事农业生产不能真正增收；二是农业剩余劳动力向工业等行业的转移受阻而造成的收入减少；三是加入 WTO 后对农业的不利因素也影响到农民的收入。

3. 农民社会地位不安全

贫困不仅是经济意义上的，还包括社会、政治、文化等方面的贫困。在中国，农民是拥有文化资源、经济资源和组织资源最低的阶层。

（二）农民生存不安全对我国农业的影响

第一，导致农业生产力下降，危及农业安全。

第二，由农民生存不安全引发的各种社会问题也影响着农业自身的安全与发展。

(三) 保障农民安全对策

调整政策，真正促进农民增收；加快农村城镇化进程；加快农村的文明建设，提高农民的社会地位。

第二节　农产品质量安全的保障

一、农产品质量安全

(一) 重要性

近年来农产品质量安全事故屡有发生，食品安全已涉及千家万户、危及老百姓生命、影响社会稳定。

食品安全考验政府执政能力，成为工作的难点。

食品安全是群众关心的热点。

食品安全是媒体关注的焦点。

农产品的质量安全状况如何，直接关系着人民群众的身体健康乃至生命安全，关系到社会和谐稳定。

群众每天消费的食物，有相当大的部分是直接来源于农业的初级产品，如蔬菜、水果、水产品等，所以必须管好源头，源头管好了，餐桌上才安全。

(二) 存在的主要问题

近年来，我国农产品质量安全状况总体上不断提高，但存在的问题依然不少。

产地环境被污染。

有意无意地使用了违禁或滥用农业投入品。

生产过程不规范。

市场准入制度没有建立。

生产者、销售者、消费者信息不对称。

有的地方不重视、重视了又无法可依、投入不足。

二、出台《农产品质量安全法》的重要意义

《中华人民共和国农产品质量安全法》（以下简称《农产品质量安全法》），这部继《中华人民共和国农业法》之后的又一农业综合法律，其颁布实施，标志着我国农产品质量安全工作迈入了法制化轨道，是农产品质量安全监管的重要里程碑。为深入贯彻实施《农产品质量安全法》，农业部着眼全局组织部署，各地农业部门措施得力，通过创新和实践，营造了全社会学法、守法的良好氛围。

（一）填补我国农产品质量安全监管法律空白

长期以来，我国农产品质量安全管理缺乏专门的法律依据，管理难度大，该法的出台，明确农业部门的监管主体地位，是新时期农业法制建设的一个重要突破。

出台《农产品质量安全法》，是推进依法行政、填补我国农产品质量安全监管法律空白的客观要求。建设法治社会首先要有法可依，长期以来，我国农产品质量安全管理缺乏专门的法律依据，一定程度上加大了农产品质量安全监管工作的难度，影响了农产品质量安全管理的有效性和权威性。党中央、国务院对加强农产品质量安全管理和健全相关法律法规高度关注并提出了明确要求，全国人大代表、政协委员连续多年呼吁加快农产品质量安全立法进程。《农产品质量安全法》的出台，填补了法律空白，必将促进体制创新、机制创新和管理创新，开创农产品质量安全管理的新局面。

（二）推进现代农业和社会主义新农村建设的重要举措

坚持以人为本，强调数量与质量并重，对推进农产品生产企业化、组织化、标准化，发展高产、优质、高效、生态、安全农业作了规定，所以说是现代农业建设的助推器。

出台《农产品质量安全法》，是坚持科学发展、促进现代农业和新农村建设的现实要求。随着我国农业农村发展进入新阶段，以科学发展观为统领，建设社会主义新农村，发展高产、优质、高效、生态、安全的现代农业，必须始终坚持数量与质量并重，扎实抓好农产品质量安全工作。《农产品质量安全法》的出台，必将提升全社会农产品质量安全的法制水平，推动优质安全农产品的生产与消费，加强农产品质量安全依法监管，为现代农业和社会主义新农村建设提供坚实支撑。

（三）构建和谐社会，维护最广大人民群众根本利益

农产品质量安全直接关系人民群众的生命安全，关系社会和谐稳定，该法的出台对农产品质量安全标准、产地、生产、包装、标识及监督检查法律责任作出了规定，有利于规范产品生产、销售行为和秩序。

出台《农产品质量安全法》，是构建和谐社会、维护最广大人民群众根本利益的可靠保障。“民以食为天，食以安为先”，农产品质量安全直接关系人民群众的日常生活和生命安全，关系社会和谐稳定和民族发展，党中央、国务院历来高度重视。近年来，通过组织实施“无公害食品行动计划”等一系列工作，我国农产品质量安全水平，有了大幅度提高，但相关法规建设滞后的问题日益凸显。《农产品质量安全法》的出台，必将进一步规范农产品产销秩序，更加有效地保证公众农产品消费安全，保障最广大人民群众的根本利益。

（四）有利于提升农产品竞争力，应对农业对外开放

推进农业标准化，提高农产品质量安全水平，既是突破农产品技术性壁垒的治本之策，也是在市场竞争中取胜的关键所在。

出台《农产品质量安全法》，是提升我国农产品竞争力、应对农业对外开放和参与国际竞争的重大举措。随着经济全球化进程加快，特别是我国加入世界贸易组织后，农业对外开放不断扩大，市场竞争更加激烈。质量安全是农产品市场竞争的关键因素，是导致贸易争端的重要原因，也是一些国家设置农产品贸易技术壁垒的主要借口。出台《农产品质量安全法》，严格按照法律规定，推进农业标准化，提高农产品质量安全水平，必将有利于全面提升我国农产品竞争力，更好地拓展我国优势农产品的市场潜力，促进优势农产品出口。

（五）农产品质量安全监管工作的里程碑

确立了农业部门在农产品监管中的主体地位，突破了农业部门管生产抓生产传统观念，农产品质量安全监管工作从田头到市场，是一部以生产管理为主、市场管理为辅的法律。这是农业部门职能转变，也是体制创新。

三、《农产品质量安全法》的内容

1. 农产品质量安全监管的基本制度

农产品质量安全法从我国农业生产的实际出发，遵循农产品质量安全管理的客观规律，针对保障农产品质量安全的主要环节和关键点，确立了相关的基本制度。《农产品质量安全法》一共有八章 56 条，确立了 8 项基本制度。

（1）农产品安全管理责任制度（第三、第四、第五条）。

①政府统一领导。纳入本级国民经济和社会发展规划，建立健全农产品质量安全服务体系，并安排经费。

②农业部门主管。

③其他部门分工负责。质量技术监督部门负责农产品质量安全标准的制定、检测机构计量认证和进出口检验。卫生部门负责保鲜剂、防腐剂、添加剂等材料的国家强制性标准。工商部门负责市场主体和查处部分流通领域违法行为。环保部门负责产地环境污染事故处理。商务部门负责生猪屠宰管理。

④不依法履行监督职责或者滥用职权的，依法给予行政处分。

（2）农产品质量安全标准强制实施制度（总则第八条和第二章全部）。

①建立质量安全标准体系。农产品质量安全标准是强制性的技术规范，依照有关法律、行政法规的规定制定和发布。

②标准制定应当充分考虑农产品质量安全风险评估结果，并听取生产者、销售者和消费者的意见。

③根据科技发展水平和需要及时修订。

④不依法履行监督职责或者滥用职权的，依法给予行政处分。

⑤无公害农产品强制生产，绿色、有机农产品鼓励生产。

（3）农产品产地管理制度（第三章全部）。

①禁止生产区。农业部门根据农产品品种特性和生产区域大气、土壤、水体中有毒有害物质状况等因素，认为不适宜农产品生产的，提出或调整禁止生产的区域，报本级人民政府批准后公布。具体办法由国务院农业行政主管部门和国务院环境保护行政主管部门制定。

②标准化示范区。采取措施，改善生产条件，推进保障农产品质量安全的标准化生产综合示范区、示范农场、养殖小区和无规定动植物疫病区的建设。

③禁止废水、废气、固体废物或者其他有毒有害物排放。

（4）农产品市场准入与追溯制度（第二十、第二十五、第三十三、第三十七条）。

①包装标识。农产品生产企业、农民专业合作经济组织以及从事农产品收购的单位或者个人销售的农产品，按照规定应当包装或者附加标识的，须经包装或者附加标识后方可销售。

②不合格农产品。含有违禁物质、残留超标、病物毒素不符合标准、辅助材料不符合强制技术规范要求和其他不符合标

准的农产品不得销售。

③生产记录。农产品生产企业和农民专业合作经济组织应当建立农产品生产记录，国家鼓励生产者个人建立生产记录。记录应当保存二年并禁止伪造。

④进货检查验收。农产品销售企业对其销售的农产品，应当建立健全进货检查验收制度；经查验不符合农产品质量安全标准的，不得销售。

⑤追溯。农业部门发现有本法第三十三条所列情形之一的农产品，应当查明责任人，依法予以处理或者提出处理建议。

(5) 农产品质量安全检测制度（第三十九条）。

①自律检测。农产品生产企业、农民专业合作经济组织和批发市场自己或委托检测机构对农产品质量安全状况进行检测，发现不符合标准的批发市场还要向农业部门报告。

②监督抽查。农业部门制定质量安全监测计划，对产地或市场进行监督抽查，抽查结果由省部两级公布。监督性抽查不得收费并避免重复抽查。对抽查结果有异议可以申请复检。因检测结果错误造成损失要承担赔偿责任。

③检测机构资格。省以上农业部门考核合格并通过计量认证合格。

④快速检测方法。农业部会同有关部门认定，不得用于复检。

⑤信息发布。省以上农业部门发布有关农产品质量安全状况信息。

⑥投入品监督抽查。

(6) 农产品质量安全事故报告制度（第四十条）。

发生农产品质量安全事故时，有关单位和个人应当采取控制措施，及时向所在地乡政府和县级农业部门报告；收到报告的机关应当及时处理并报上一级政府和有关部门。发生重大农产品质量安全事故时，农业部门应当及时通报同级食品药品监督管理部门。

(7) 农产品质量安全分析分析和评估制度（第六、第七条）。

农业部设立农产品质量安全风险评估专家委员会，对可能影响农产品质量安全的潜在危害进行风险分析和评估。根据评估结果采取相应的管理措施，并将评估结果及时通报有关部门。

(8) 产品质量安全责任追究制度。法律对违反本法规定及造成农产品质量安全事故的行为建立了责任追究制度，责任追究的对象包括生产者、销售者、市场机构、检测机构、行政主管部门及相关的个人，追究的形式包括罚款、没收、赔偿、责令改正、撤销资格、监督销毁、给予行政处分、追究刑事责任等形式。

2. 支持和限制条款

(1) 四个“鼓励”与“支持”。

①鼓励和支持生产优质农产品。

②国家鼓励其他农产品生产者建立农产品生产记录。

③国家鼓励单位和个人对农产品质量安全进行社会监督。

④国家支持农产品质量安全科学技术研究。

(2) 两个“引导”。

①国家引导、推广农产品标准化生产。

②各级政府及其部门应当加强农产品质量安全知识的宣传，提高公众的农产品质量安全意识，引导农产品生产者、销售者加强质量安全管理。

(3) 八个“不得”。

①经检测不符合农产品质量安全标准的农产品，不得销售。

②有下列情形之一的农产品，不得销售。

含有国家禁止使用的农药、兽药或者其他化学物质的；农药、兽药等化学物质残留或者含有的重金属等有毒有害物质不符合农产品质量安全标准的；含有的致病性寄生虫、微生物或者生物毒素不符合农产品质量安全标准的；使用的保鲜剂、防腐剂、添加剂等材料不符合国家有关强制性的技术规范的；其他不符合农产品质量安全标准的。

③监督抽查检测应当委托符合本法第三十五条规定条件的农产品质量安全检测机构进行，不得向被抽查人收取费用。

④抽取的样品不得超过国务院农业行政主管部门规定的数量。

⑤上级农业行政主管部门监督抽查的农产品，下级农业行政主管部门不得另行重复抽查。

⑥复检不得采用快速检测方法。

⑦农产品销售企业对其销售的农产品，应当建立健全进货检查验收制度；经查验不符合农产品质量安全标准的，不得销售。

⑧对同一违法行为不得重复处罚。

(4) 六个“禁止”。

①禁止生产、销售不符合国家规定的农产品质量安全标准的农产品。

②禁止在有毒有害物质超过规定标准的区域生产、捕捞、采集食用农产品和建立农产品生产基地。

③禁止违反法律、法规的规定向农产品产地排放或者倾倒废水、废气、固体废物或者其他有毒有害物质。

④禁止伪造农产品生产记录。

⑤禁止在农产品生产过程中使用国家明令禁止使用的农业投入品。

⑥禁止冒用所规定的农产品质量标志。

3. 责任主体职责

(1) 县级以上地方人民政府职责。

①将农产品质量安全管理工作纳入本级国民经济和社会发展规划，并安排经费。

②统一领导、协调本行政区域内的农产品质量安全工作，建立健全服务体系。

③加强知识宣传，引导生产者、销售者加强质量安全管理。

④批准禁止生产的区域。

⑤采取措施，加强基地建设。

⑥及时处理农产品质量安全事故并报告（含乡政府)。

（2）农业行政主管部门职责。

①负责农产品质量安全监督管理工作。

②设立风险评估专家委员会。

③认定快速检测方法。

④发布农产品质量安全状况信息。

⑤认定和审核检测机构资质。

⑥组织实施农产品质量安全标准。

⑦划分和调整禁止生产的区域。

⑧推进各类标准化示范区建设。

⑨制定生产技术要求和操作规程。

⑩制定并组织实施农产品质量安全监测计划，进行监督抽查和公布结果。

⑪对农业投入品监督抽查和结果公布。

⑫管理和引导农业投入品使用。

⑬农产品包装和标识管理。

⑭查封和扣押不符合标准的农产品。

⑮处理农产品质量安全事故。

⑯处罚有关违法行为。

⑰不履行职责，滥用职权，依法给予行政处分。

⑱构成犯罪的，依法追究刑事责任。

（3）县级以上地方人民政府有关部门职责。

①按照职责分工，负责农产品质量安全的有关工作。

②有关部门收到对违反本法的行为相关的检举、揭发和控

告后，应当及时处理。

（4）农业科研教育机构和技术推广机构职责。

加强对农产品生产者质量安全知识和技能的培训。

（5）农产品质量安全检测机构职责。

①承担监督抽查检测任务。

②接受农产品批发市场委托对进场销售的农产品质量安全状况进行抽查检测。

③承担因其检测结果不实造成损害的赔偿责任。

（6）农产品生产者职责。

①对制定农产品质量安全标准提出意见。

②可以申请使用无公害农产品标志或其他优质农产品质量标志。

③应当合理使用化工产品，防止造成产地污染。

④按照法律规定，合理使用农业投入品，防止危及农产品质量安全。

⑤对监督抽查检测结果有异议的，可以申请复检。

（7）农产品生产企业和农民专业合作经济组织职责。

①建立并按规定保存农产品生产记录。

②自行或者委托检测机构对农产品质量安全状况进行检测。

③对其销售的农产品要遵守有关包装或者附加标识的规定。

④农民专业合作经济组织和农民行业协会应当提供生产技术服务，建立健全管理制度和控制体系，加强自律管理。

（8）农产品销售企业职责。对其销售的农产品，应当建立健全进货检查验收制度。

（9）销售者职责。对监督抽查检测结果有异议的，可以申请复检。

（10）农产品收购的单位或者个人职责。对其销售的农产品要遵守有关包装或者附加标识的规定。

（11）农产品批发市场职责。

①设立或者委托农产品质量安全检测机构，对进场销售的农产品质量安全状况进行抽查检测；发现不符合农产品质量安全标准的，应当要求销售者立即停止销售，并向农业行政主管部门报告。

②有权向生产者、销售者基于其责任，生产、销售本法第三十三条所列农产品，给消费者造成损害赔偿的追偿。

(12) 消费者职责。

①对农产品标准制定提出意见。

②生产、销售本法第三十三条所列农产品，给消费者造成损害的，消费者可以向农产品批发市场要求赔偿，也可以直接向农产品生产者、销售者要求赔偿。

(13) 任何单位和个人职责。

①任何单位和个人都有权对违反本法的行为进行检举、揭发和控告。

②有关单位和个人应当对发生农产品质量安全事故的采取控制措施，及时向所在地乡级人民政府和县级人民政府农业行政主管部门报告。

4. 违法行为处罚应注意的事项

(1) 明确农业部门处罚的 8 种违法行为。

①检测机构伪造检测结果的。

②检测机构出具结果不实、造成重大损害的。

③生产企业、专业合作经济组织未建立或未保存生产记录或伪造生产记录的。

④销售的农产品未按规定进行包装、标识的。

⑤使用保鲜剂、防腐剂、添加剂等材料不符合国家强制性技术规范的。

⑥生产企业、专业合作经济组织销售不符合标准的农产品的。

⑦农产品批发市场没有对农产品抽查检测，发现不符合标

准的，没有立即停止销售，没有报告的。

⑧冒用农产品质量标志的。

（2）分清本法的行政处罚主体。行政处罚的主体与法律实施的主体不是完全相同的。一部法律有哪几个行政处罚主体要看“法律责任”部分的具体规定。

本法行政处罚的主体主要有农业、工商、卫生和环保部门。

对销售不合格农产品的处罚农业部门和工商部门有分工：农业部门对生产企业、合作组织，工商部门对销售企业、批发市场中的销售者处罚。保鲜剂、防腐剂等处罚农业部门和卫生部门有交叉。环保部门对排放“三废”违法行为处罚。

（3）搞清行政处罚对象。本法涉及的责任主体众多，对各个责任主体的要求不一。在实施行政处罚时，要按照“法律责任”部分的具体规定，分清应承担法律责任的对象。“法律责任”部分没有明确规定的，要结合本法的其他有关法条内容进行判定。

①包装标识的违法对象，可以根据第二十八条规定，处罚农产品生产企业、农民专业合作组织和收购单位、个人，不能处罚批发市场、集市贸易、超市。

②保鲜剂、防腐剂等违法行为，应根据第二十九条规定，处罚在包装、保鲜、贮藏、运输中的使用者。与卫生部门执法交叉，适用一事不再罚原则。

③批发市场中销售的农产品有第五十条第一款规定情形的，对批发市场不处罚，但其有报告和赔偿的义务。

④冒用农产品标志可以处罚冒用者，冒用者可能是批发市场的销售者，也可能是超市。

⑤生产无公害农产品是强制的，申请无公害农产品标志是自愿的，不能因没有无公害农产品标志而去处罚。

（4）正确适用行政处罚种类。

本法规定的行政处罚种类有五类：①责令限期改正；②责

令停止销售；③撤销检测资格；④没收违法所得；⑤罚款。

某一违法行为适用哪些处罚种类要根据“法律责任”部分的具体规定正确适用，不能随意增添和自造。例如，对销售的农产品未按照规定进行包装、标识的，处罚种类有责令限期改正和罚款两种，但适用罚款的前提是逾期不改正。

四、农产品质量安全监管

以《农产品质量安全法》为契机，进一步推进农产品质量安全监管工作。

农业行政主管部门是履行农产品质量安全监管主体，应及时向当地党委和政府汇报，争取政府的支持，以确保农产品质量安全监管工作顺利实施。

主动与有关部门协调加强合作，共同完成好《农产品质量安全法》赋予我们的监管职责。

主要任务如下。

(1) 加强农业投入品监管。突击开展违禁投入品专项整治，净化农资市场，从源头上保障农产品安全生产，使种养环节农药滥用和农产品药物残留超标问题得到有效控制。进一步健全重要农业投入品质量监管制度，对国家明令禁止使用的农业投入品坚决不允许使用，对限用的根据限用范围合理使用。

(2) 加强农产品生产环节监管。根据农业部《农产品产地安全管理办法》要求，进行农产品禁止生产区域的划分和调整，健全产地安全监测档案。

大力推行农业标准化生产技术，坚决杜绝使用禁用农业投入品，提倡合理使用农药、化肥等投入品，同时做好农事活动的记录，积极实施农产品质量安全间隔期制度，对处于不安全期的农产品要适当延迟上市。

加强无公害农产品生产技术标准的推广应用，突出抓好已建成的农业示范园区建设模式和成果的推广应用，加快先进农产品质量安全技术的引进和推广。

强化现有农产品品牌的监督和保护，提高市场知名度和占有率。

(3) 加强农产品质量安全检测。制订和完善农产品质量安全监督检测体系建设规划，积极推进省、市、县三级农产品质量安全监督检测机构建设，确保各级特别是县级农产品质量安全监督检测机构检测工作必要的经费。

进一步完善农产品生产过程质量安全监督抽检制度，实施农产品质量安全例行监测工作，不断加大例行监测力度，扩大监测的范围。

在确保农产品批发市场100%纳入监测范围的基础上，以农产品生产基地、农贸市场和超市为重点，组织开展上市蔬菜、水果农药残留监督抽检。

(4) 加强认证基地、认证产品质量监管。加强农业“三品”的包装和标识管理，严厉打击假冒、仿造、违法使用“三品”认证标志的行为。

对已认证的无公害、绿色、有机生产基地及产品，进行质量安全检查，从整地、育苗、移栽到苗期管理实行全程监管，并检查了认证基地的安全情况和生产档案。对达不要求的取消所发证件。

(5) 积极推进产地准出与市场准入机制。按照《中华人民共和国河北省农产品市场准入办法》和农业部《农产品产地证明管理规定（暂行）》要求，会同工商等有关部门，尽快落实农产品生产记录、包装标识等制度，实现农产品质量可追溯，进一步推进农产品产地准出与市场准入制度的落实。

对外进农产品逐步实行检测合格后再批发销售。

对本市生产的农产品调出的要做到批批检测，不合格产品不得出售。

(6) 加强农产品质量安全应急机制建设。建立健全农产品质量安全应急反应机制，制订应急预案及实施办法，有效处置突发事故和事件，确保一旦发生农产品质量安全事故或事件时，能迅速启动应急预案，立即采取措施，迅速救护人员，及时查清原因，控制事态的发展和蔓延。

五、保障措施

（一）建立农产品质量安全全程监管机制

建立领导负责、统一指挥辖区农产品质量安全的工作制度。明确农产品质量监管管理职责，建立农产品质量安全责任制和责任追究制度，合理统筹监管人员的配置，强化监管能力。每一个环节和部位都明确到部门、具体到人，消除了盲区、堵塞了漏洞，实现全程监管。

（二）完善执法监管机制

一是落实监管责任制。进一步落实了农产品质量安全属地监管责任，辖区内监管对象全部上图上墙，建立了日常检查登记卡，实现了监管工作透明化和责任实名制。二是完善检打联动机制。完善了农产品质量安全监督抽检制度，明确了职责和工作程序，开展了多次农产品和农业投入品的监督抽查工作，提高了抽检效率，并对抽检不合格产品依法进行了查处。三是建立健全农产品质量安全监管联合执法机制。由农产品质量安全监管办公室牵头，组织协调相关股室坚持开展了日常监管和重点检查工作。定期开展联合执法行动，召开农产品质量安全通报会，形成上下联动、股室联动、区域联动的工作机制。四是建立了农产品质量安全督查督办和明察暗访机制。完善了专项整治、定期督查制度，实行了督导检查负责制，分片包干，谁带队谁督导谁负责，定期开展督查督办和明察暗访，确保了农产品质量安全专项整治的效果。

（三）建立健全农产品生产经营者自律机制

进一步强化了农产品及其投入品生产经营者作为保证农产品质量安全第一责任人的责任意识。按照《中华人民共和国食品安全法》《农产品质量安全法》的具体要求，帮扶、指导企业建立健全员工岗前培训、进货查验、出厂检验、生产过程控制、问题产品召回及从业人员健康管理、内部生产经营档案等各项农产品质量安全管理制度；鼓励和支持部分规模农产品生产企业建立了农产品质量可追溯系统，并取得了一定经验。要求行业协会组织对农产品及投入品生产经营企业对从业人员实行岗前培训与考核，培养具备良好职业道德、较高业务水平和较强实践能力的岗位专职人员。建立了企业质量安全数据库，要求生产企业做出质量承诺，并与企业签订了质量承诺书。建立了农产品及投入品生产经营企业诚信不良记录收集、管理、通报制度和行业退出机制，加强了质量信用建设和信用分类监管，进一步提升了农产品及投入品生产企业的诚信生产经营意识。

（四）严格责任追究，实现无缝隙监管

保证农产品质量安全，不但要各相关单位配合和合作，还要有一整套严格的责任追究制度，能从源头查找和发现问题，也才能实现有效的监管、惩处不法商人和有关责任人。

第七章　推进农业标准化生产，保障农产品质量安全

农产品的质量安全与产地环境、投入品使用、生产、加工、储运等环节密切相关。保障农产品的质量安全，必须从全过程着手，实施良好农业规范（GAP）和危害分析与关键控制点技术（HACCP），采取全程标准化技术。

第一节　执行全程标准化

农业标准化是指按照工业化的理念，以农业为对象，运用统一、简化、协调、优选的原则，将农业科学技术、生产实践和管理经验整合转化为标准，实施应用于农业产前、产中、产后各个环节，使之规范、有序、高效的行为。发展现代农业，根本途径是不断提高农业生产经营专业化、标准化、规模化和集约化水平。专业化分工需要标准化支撑，规模化生产需要标准化指导，集约化经营需要标准化管理。保障食品安全，转变农业发展方式，建设现代农业，迫切需要全面深入推进农业标准化。

一、实施农业标准化的基本要素

农业生产与工业生产不同，受到制约因素较多，主要有气候、生态环境、物种的差异性、病虫害流行情况等。农业标准中涉及农兽药安全限量、安全间隔期、种养殖密度等强制性的技术内容不受生产环境影响，任何条件下都要严格执行。其他

推荐性生产操作规程等标准则需要根据气候、生态、种性、病虫害流行变化情况，因时因地制宜确定技术应用的时间和程度。因此，正确建立标准体系，科学实施农业生产全程标准化，需要有4个基本要素。

（一）有实施主体

一般为合作社，有管理主体的生产基地、农场（或企业），或有一定规模的种养殖大户，主体内有一定的组织和分工，可以对标准化进行监督。

（二）有一套制度

落实主体内各类人员的职责，明确生产程序及相关保障措施，规范工作行为。

（三）生产标准

包括种子种苗、投入品使用、生产控制与管理、产品质量控制、储运加工等方面在内，这是对国家、行业标准的转化，可以是文字、图、表形式，也可是技术人员根据生产过程实际情况以通知或通告形式表现，关键点是要便于生产者的正确使用。

（四）生产记录和档案

要求真实完整，达到可追溯的目的。这些记录应与生产实际相结合，管理性记录可以具体详细，生产者的记录甚至可以是按手印表示完成。

二、种植业执行全程标准化技术要点

在种植业方面，按照不同作物品种，以农业行业标准的形式已经颁布了甘蔗、仁果类水果、双低油菜、稻米、食用菌菌种、木薯、椰纤果7个作物的良好生产技术规程。根据HACCP原理，种植业生产要关注以下8个关键点。

（一）生产环境

不良生产环境会带来重金属、农药残留及其他污染物超标的危害。要求生产基地周边无污染企业，土壤本底值或残留不影响产品质量，大棚的熏蒸药剂中未含有违禁药物，灌溉水、农田土壤、农田大气应符合相应的国家标准。

（二）种子种苗

主要是影响农产品品质和产量，种子包衣等处理也会带来农药残留隐患。种子从田间收获和仓储过程中都可能被病原微生物和害虫侵袭，为消灭潜伏在种子表面的病菌需要使用化学药剂浸泡。播种时间、种子密度和均匀性都对农产品的质量安全控制产生一定的影响，避开病虫害高发时节，可减少农药的使用次数和施药量。

（三）灌溉水的控制

一是确保灌溉用水水质符合标准。二是灌溉水的科学合理使用，不仅可以节约农田用水，也能提高农作物的产量和农产品质量建设标准化农田，其排灌设施要配套，达到要灌能灌、要排能排。尽量利用天然降水，提高灌溉水的效率，以降低用水成本。

（四）肥料的施用

肥料的施用既影响农作物的产量，也影响农产品质量。如果肥料受到污染，就会给农产品带来污染（如重金属等），不合理施用也会造成农业生态的面源污染，影响农业可持续发展。要防止偏施化肥，力争多施有机肥，速效与缓效兼用。过磷酸钙、钙镁磷肥、钢渣磷肥等矿物初级加工产品中含有重金属、氟化物等，植株能吸收、富积这些有害物质；未被植株利用的氮肥会经过一系列复杂的生物、化学转化变成硝酸盐、亚硝酸盐等随田间排水和渗漏水污染地表和地下水源；微肥的不合理施用和劣质微肥产品的有害元素，除对农作物本身产生危害外，还可能对环境和人类造成伤害。

（五）病虫害防治

集中连片的种植方式，发生病虫害后容易蔓延开来，使用农药防治病虫害是主要方式之一。但是农药在控制病虫害的同时也危及天敌的生存，应根据病虫害发生程度合理用药，并结合其他方式，进行综合防治。

（六）农机具

农机具的使用提高了生产效率，但会破坏土壤结构。燃料尾气中的重金属、氧化亚氮、一氧化碳等对水体、大气产生污染。机械结构件的破损、脱落，容器没有清洗干净等也会对农产品产生物理和化学危害。选择对土壤结构破坏较小的轮胎、对农机具进行定期保养、彻底清洗农机具中的容器等措施，均能够将危害控制在可接受的范围。

（七）加工

加工环境的空气洁净情况、加工设备的卫生和保养状况、仓储条件等会导致农产品的生物、物理和化学危害。要使用符合食品生产要求的设备器具，生产人员符合健康要求，防止病原微生物传播等。

（八）包装材料

除影响产品形象外，不合格的包装材料会给农产品带来二次污染。目前农产品的包装形式多样，有真空、充氮等；使用材料有麻袋、编织袋、塑料袋、纸袋、铝箔袋等，但不论使用何种形式的包装，所使用的材料应符合国家食品包装袋的安全卫生要求。

[经典案例]

我的梨卖价高，主要是因为实行了标准化种植

福建省建宁县是“中国黄花梨之乡”，黄花梨种植面积11

万亩。由于上市时间太集中、果农缺乏质量意识等原因，一度陷入低谷，甚至有不少果园被废弃。近年来，建宁县农业部门从提高科技含量和内在品质入手，全面实施福建省地方标准《建宁黄花梨标准综合体》(包括品种、苗木及育苗、栽培技术、鲜果)，指导果农进行标准化种植。在科技人员引导下，果农严格按照要求，实施全程标准化生产80%以上的梨都在250克左右，每千克价格高出普通梨6角。

[小贴士]

标准　标准化　HACCP原理　GAP

标准。为了在一定范围内获得最佳秩序，经协商一致制定并由公认机构批准，共同使用的和重复使用的一种规范性文件。因此，标准是科学、技术和实践经验的总结。

标准化。为了在一定的范围内获得最佳秩序，对实际的或潜在的问题制订共同的和重复使用的规则的活动。因此，标准化工作的任务是制订标准、组织实施标准和对标准的实施进行监督。

HACCP原理（危害分析和关键控制点)。通过进行危害分析和提出预防措施、确定关键控制点、建立关键界限、关键控制点的监控、纠正措施、记录保持程序、验证程序7个过程，确定保障产品质量的关键环节、控制指标和范围、控制技术等。

GAP(良好农业操作规范)。由欧洲零售商农产品工作组(EUREP）提出，EUREPGAP标准主要是针对初级农产品生产的种植业和养殖业，分别制定和执行各自的操作规范，鼓励减少农用化学品和药品的使用，关注动物福利、环境保护、工人的健康、安全和福利，保证初级农产品生产安全的一套规范体系。

三、畜牧业执行全程标准化技术要点

目前，我国已具有较完善的畜禽养殖、畜产品质量检测、动物疫病防控等方面的标准体系，主要包括畜禽品种标准，饲养标准，饲料药物添加剂使用规范，畜禽养殖业污染物排放标准，畜禽标识和养殖档案管理办法，畜禽产品标准，畜产品包装、储存、运输标准等。根据 HACCP 原理，畜牧业生产中要注意以下 8 个关键控制点。

（一）场址选择

科学选址是养殖基础，选址时要远离村镇、集镇、大的工厂，地势相对要高、干燥、通风、向阳，周边环境生态友好，养殖场的空气、土壤、水质指标要符合要求。同时，应有保证环境质量持续达标的污染治理措施或工艺，基本实现畜禽养殖场既不受外界环境影响，也不污染外界环境。

（二）畜舍环境

根据畜禽本身生理特性及分段饲养要求合理设计修建畜舍，圈舍建筑符合生产、工艺和防疫要求，合理布局场区，办公生活区、生产区和粪污及病死动物无害化处理区分开，畜舍间距不得小于 5~6 米，环境舒适才能保证畜禽健康。

（三）引种选育

因地制宜，选择适应当地环境条件的优良畜禽品种，并要求种源清楚、检疫合格。供应商应提供种畜禽生产经营许可证、种畜禽合格证和非疫区证明，并经本场兽医健康检查合格。引进动物到场后，应及时向动检部门报告，由官方兽医实施落地检疫，并做好隔离观察饲养及监督工作。对影响肉质、生长发育迟缓、易感染疾病的品种要及时淘汰，实现畜禽品种良种化。

（四）饲料选用

保障畜禽产品的安全首先要保证饲料安全。购买饲料及饲料添加剂时，应选用新鲜、无污染、配方合理的优质产品。饲料供应商应提供批准文号、饲料添加剂许可证、检验合格证和不含违禁药物承诺书，包装有明确标识。必要时，对养分、污染物、添加剂进行检测，发现饲料不合格应重新选择。储藏过程中应防止饲料霉变，在保质期内使用饲料。

疫病防治防疫设施是疫病防治的硬件基础。防疫建筑要细化，如隔离室、门卫消毒室、消毒通道、淋浴消毒室、车间生活室、兽医解剖室、焚烧室、粪肥处理室等；防疫设备要齐全，如紫外线灯、冲洗消毒器具、免疫接种器具、转群笼具与车辆、场内消毒车辆等；定期严格消毒阻断病原微生物与易感动物之间的传播途径。

提高疫病的诊疗水平，建立健全动物疫病疫情预警监测体系，加强基层养殖员防疫知识培训，做到即时发现、即时上报、即时控制。采购的兽药和疫苗应有供应商提供营业执照、经营许可证、产品生产许可证或进口兽药许可证，感观质量正常。按照免疫程序，做好畜禽常年免疫接种工作。及时清除畜舍粪便及排泄物，病死畜禽及时放入焚尸坑或深埋等无害化处理，防止污染环境。

（五）兽药使用

合理使用兽药，严格遵守使用对象、途径、剂量及停药期的规定。少用或不用退热药、激素、抗生素等药物。禁止使用国家禁用药物，兽药的使用应进行记录，对用量进行监督，观察降解周期。对处于休药期内的畜禽不应销售或屠宰。

（六）销售运输

畜禽养殖场在出售动物及产品前应向当地动物卫生监督部门申报检疫，经官方兽医检疫合格后出具检疫证明。我国实行畜禽定点屠宰制度，严格执行畜禽进场查验、途中定时查验、屠宰程序检疫等技术操作规程，加强卫生管理检疫，进一步提高产品包装质量。流通环节监管是确保动物产品质量安全的最后一道关卡，畜禽运输要由兽医卫生检疫部门出具畜禽检疫合格证和车辆消毒证，养殖场技术部提供畜禽健康合格证，杜绝未经检疫的动物及动物产品流入市场流通。

（七）养殖档案

养殖场应建立养殖档案，完整规范记录养殖场的免疫程序、配种、生产、消毒、免疫、诊疗、病死畜禽无害化处理、饲料生产使用、药品采购、兽药使用、畜禽销售等情况，记录应在清群后保存 2 年以上。对销售的畜禽及产品，必须佩戴有防疫标志或检疫检验标志，并附动物或动物产品检疫合格证明，保证动物及畜禽产品的可追溯性。

四、水产业执行全程标准化技术要点

实现水产养殖标准化的前提是要有统一的养殖生产操作规程，对环境的选择、监控和管理、基础设施的建设和维护、苗种的选择和投放、饲料的选择、加工和投喂、病害防治和用药以及捕捞等环节制定出详细的技术操作标准。结合我国水产养殖实际，根据对大多数水产养殖工艺的分析，水产养殖标准化管理在质量安全方面一般应关注以下 5 个关键环节。

（一）环境管理

水产养殖环境存在的潜在危害主要有致病微生物、寄生虫、重金属、农药及其他化学污染物。企业除了要恰当地选择养殖环境外，养殖过程中的环境管理也非常重要。生活污水不得直排进入养殖水体，养殖区内不应进行畜禽饲养活动，生活污水和垃圾要妥当收集并及时处理。要注意垃圾和污水收集设施与养殖水体的相对位置，避免因雨水冲刷造成水体污染的风险。密切关注水源上游及周边工农业生产变化情况，发现可能存在污染时，应及时采取措施避免污染。

（二）苗种采购

重点关注病原菌、病毒和禁用药残留问题。首先要选择具有《水产苗种生产许可证》的生产厂家。其次苗种的质量要符合相关标准，没有专门标准的品种要符合有关的质量标准。接收苗种前要经过检验检疫，以保证苗种不携带特有的病原菌和病毒。在外观上要体形、体色正常，规格齐整、体色鲜亮，体格健壮、反应敏捷、活力强，没有疾病症状等。另外，购买苗种时还应关注苗种中的禁用药残问题，必要时对可能存在的禁用药残留（如孔雀石绿和硝基呋喃类）进行现场速测。

（三）饲料选用

水产养殖饲料有配合饲料和鲜活饵料。农业部在《水产养殖质量安全管理规定》中明确规定："国家鼓励使用配合饲料。限制直接投喂冰鲜（冻）饵料，防止残饵污染水质"。购买配合饲料时，除了要考虑饲料生产企业的信誉，从饲料的形状、色泽、气味和水中稳定性等几个方面进行选择外，还要注意配合饲料中可能含有的致病菌、霉菌、重金属等污染物，以及非法药物的添加等问题。

（四）病害防治

应注意用药的合法性和规范性。从合法性的角度，一不能使用国家明令禁止使用的兽（渔）药，二不能使用人用药和原料药，三不能使用未经取得生产许可证、批准文号与没有生产执行标准的渔药。从用药规范性的角度，水产用药应以不危害人类健康和不破坏水域生态环境为基本原则。对病虫害的防治，坚持"以防为主，防治结合"；尽可能使用国家批准的水产专用渔药和渔用生物制品，慎用标明"非药品"的调水剂等产品；病害发生时应由专业人员进行明确诊断后开具处方，对症用药；不能盲目增大用药量、增加用药次数或延长用药时间，尤其不能长期在饲料中添加抗生素来促生长或预防渔病。对于采购进来的兽（渔）药，最好留样保存，以备发生质量安全事故时，进行追溯。

（五）捕捞

主要是做好休药期控制，防止产品“带药”上市。养殖后期使用有休药期要求的渔药后，应采取措施对用药池塘进行标识，注明休药期和最早允许捕捞日期。捕捞时应经专门人员确认满足休药期签字同意后，方可起捕。

[小贴士]

冰鲜（冻）饵料的弊端

使用冰鲜（冻）饵料。一是容易引入致病微生物，造成交叉感染；二是冰鲜饵料多捕捞于自然海域，大量捕捞对海洋生态平衡造成严重威胁；三是鲜饵料投喂时很快沉底，不能被养殖动物摄食干净，成为养殖水域重要的内源性污染；四是鲜饵料是自然海域中食物链的一个重要环节，环境中的重金属等污染物主要是通过食物链的放大作用，在水产品中富集，从而构成食品安全风险。因此，水产养殖应尽量避免使用鲜活饵料。

配合饲料优点多。一是养殖动物容易摄食完全，可以减少对环境污染，提高饲料转化率；二是可按养殖动物的种类、大小、配制不同营养成分的饲料，使之最适于养殖动物的营养需要；三是适于自动投喂，提高了劳动生产率，有利于向机械化、工厂化方向发展；四是可以阻断环境中的污染物沿食物链富集至水产品。

第二节　选择适宜的产地

一、产地条件对农产品安全生产的影响

产地环境是农业的第一生产资料，包括土壤、水、空气和微生物等农业生产的基本物质条件，以及相应的生态环境系统。各种农产品以其独特的生长方式在产地环境中生长。产地环境作为一个开放的生态系统，在向农产品输出养分的同时，其中的有毒有害物质也会通过农作物的吸收、畜禽和水产品的食物链传递，而在农产品中累积，造成质量安全隐患。

产地环境中的有毒有害物质来源包括以下 4 个方面：一是工业生产排放的废水、废气和废渣；二是农业生产中肥料、饲料以及农兽（渔）药等投入品；三是人类活动产生的生活垃圾和污水等；四是森林砍伐、地下水过度开采等对生态环境的破坏。

产地环境污染对农产品生产影响很大，主要表现为：工业废渣导致土壤重金属污染，造成水稻等作物减产和品质下降，甚至出现所谓的“镉大米”；含有机污染物的灌溉水或养殖用水，对农作物或畜禽、水产品产生持久性污染和毒害，引发“贝类毒素”等次生危害；含有二氧化硫、氟化物等有毒有害气体的废气，导致农作物和养殖畜禽产生病害；而含有持久性有机污染物的粉尘颗粒，在农产品中富集，对消费者产生健康隐患；肥料、农兽药的不合理使用，引发土壤板结、肥力下降、药物残留以及病虫害抗药性增加等问题；生活垃圾和污水带来的病原微生物，危害农产品质量安全；而生态环境的破坏也会对农产品安全生产造成不良影响。

目前，我国已颁布了土壤环境质量标准等一系列产地环境控制标准，对水、土、气中重金属、药物残留、有机污染物和

微生物等指标进行了规定，通过产地环境监测，选择适宜的产地环境，对受污染的区域划分禁止生产区，可有效避免产地环境对农产品生产和质量安全造成不良影响。

[小贴士]

镉大米　贝类毒素

镉大米。指镉含量超标的大米。世界卫生组织建议镉的限量值为每周每千克体重 7 微克。长期食用镉超标的大米，易出现骨质疏松、变形、关节疼痛等症状。

贝类毒素。贝类通过吞食有毒藻类，并将有毒藻类中的毒素在体内累积、浓缩，转化为有机毒素。这些毒素统称为贝类毒素，主要有麻痹性、腹泻性、神经性、失忆性和新型贝类毒素等几大类。

二、种植业产地选择

种植业产品生产受光照、降水、农田土壤质量等生态环境条件影响较大，每个品种都有它的生态适应性，关系到产品品质、产量和质量安全，正确选择种植地区非常重要。一般要把握以下原则。

（一）在品种审定或认定推荐的适宜种植范围内

为确保种植业产品生产的安全性，我国建立了农作物品种审定制度，以生产适应性为目的对农艺性状、经济性状和抗病虫害等进行多年多点试验，通过审定（认定）的农作物品种由相关农作物品种审定委员会发布。

（二）土壤环境质量经检验

农药残留、重金属等污染物均符合国家限量标准我国种植业产品产地质量标准均源于土壤环境质量标准。该标准将土壤质量分为三级：一级标准是为保护区域自然生态，维持自然背景的土壤环境质量限制值；二级标准是为保障农业生产，维护人体健康的土壤环境质量限制值，按 pH 值<6.5、6.5~7.5、>7.5 三档提出限制值；三级标准是为保障农林业生产和植物正常生长的土壤临界值，规定 pH 值>6.5。评价指标有镉、汞、砷、铜、铅、铬、锌、镍、六六六和滴滴涕 10 项，该标准没有具体到农作物种类。产地选择的关注点是最终产品农药残留与重金属含量是否超标。

(三) 种植地 1 千米范围内无污染企业

企业排放的粉尘含有铅、镉等重金属，自然沉降对 1 千米范围内的农田有影响，风吹的影响范围会更大一些。风吹影响不确定因素较多，一般情况要保证自然沉降无影响。这类企业主要是冶炼厂、砖瓦、陶瓷厂、小型电厂、水泥厂等。

(四) 上游水系 20 千米内无污染企业

以江河水为主要灌溉水源时，上游水系 20 千米内无污染企业。企业排放的废水，随着流动，污染物会被降解、沉降、稀释等，一般流过 20 千米后会明显下降。但对突发性的泄漏事件，要准备应对措施。

三、畜禽养殖环境选择

畜禽养殖产地环境包括畜禽养殖的场区、舍区、缓冲区及其周边环境中影响畜产品生产和产品质量的自然因素和社会因素的总和。选择畜禽养殖环境要符合两大标准：一是周边环境质量对畜禽场卫生防疫的影响，养殖场场区、舍区、缓冲区的空气环境质量和生态环境质量必须符合畜禽场环境质量标准；二是畜禽养殖场排污对外部环境的污染问题，应有能长期稳定运行，保证养殖场的内外环境质量持续达标的污染治理措施或工艺。

选择畜禽养殖环境，必须综合考虑自然环境、社会经济、畜禽的生理和行为需求、卫生防疫条件、饲养技术、生产流通和场区发展等因素。在交通水电便利的情况下，尽可能结合当地常年主风向，将养殖场建在远离城市、工矿区、水源地和人口密集区。在农、牧结合的情况下考虑养殖场的规模数量、粪尿及污水排放和良性循环利用情况。

[小贴士]

选择畜禽养殖场的注意事项

（1）养殖场地势平坦、干燥，交通方便，背风向阳，排水良好。

（2）水质良好、水源充足。养殖用水符合生活饮用水卫生标准的要求。

（3）无有害气体、烟雾、灰尘及其他污染，畜禽养殖场周围3 000米范围内无大型化工厂、矿厂或其他畜牧污染源（兽医院、屠宰场和畜产品加工厂等），并远离学校、公共场所、居民居住区和交通干线，但同时又能保证便于饲料、畜禽产品和垃圾（如粪便等）运输。

（4）了解拟建地区常年气象变化，如平均气温、降水量、最大风力和常年主导风向等。

（5）必须具备可靠的电力供应，最好靠近输电线路，同时要求电力能保证24小时供应，必要时必须自备发电机来保证电力供应。

（6）不得在生活饮用水的水源保护区、风景名胜区、自然保护区的核心区、缓冲区，以及法律、法规规定的其他禁养区域建场。

(7) 兴建养殖场应当向县级以上地方人民政府兽医主管部门提出申请，并取得动物防疫合格证。

四、水产养殖环境选择

养殖环境与水产品的质量安全水平密切相关，要保证产品的质量安全，选择养殖环境时应重点考虑避免化学污染和生物污染。

（一）养殖区及水源应避免污水排放污染

工业污水中含有大量的化学污染物，包括重金属（如汞、铅、镉、铬、铜、砷等）以及有机污染物（如硫化物、石油类、挥发性酚、多氯联苯等），城市污水还含有病原微生物。这些污水对水产品的质量安全构成严重威胁。

选用河水或其他开放水源时，应建立进水处理设施，避免水源水不经处理直接进入养殖池塘，不可在河道上或河汊中围网养殖。在有排污风险的天然水域（近海或湖泊等）或滩涂进行养殖时，应远离排污口，同时应注意潮流的方向，避免由于潮流的作用将污染物带至养殖区。当采用地下水进行水产养殖时，应注意渗漏对地下水的影响，防止地表有毒有害物质渗漏入地下水源中。已建立的养殖基地周围不得新建、重建和扩建有污染的项目，需要新建、扩建、改建的项目必须进行环境影响评价，确保不会对养殖水体构成污染威胁。

（二）养殖水域应避免受到农（林）业污染

农（林）业生产不可避免使用农药。农药可随空气飘移或经过雨水冲刷进入养殖水体从而污染养殖产品。因此，水产养殖水域应尽可能远离农田或商业林地。如难以远离，应采取必要的物理隔离措施（如周围地势垫高或建围墙等），防止水体受到农药污染。如果采用稻田种养结合方式，应尽可能避免使用农药。如不可避免，应选用低毒低残留的农药。

（三）土池养殖方式应注意土壤中的污染物影响

土壤中可能含有重金属和农药等化学污染物，通过水体的溶解和食物链的放大作用影响到产品的质量安全。采用土池养殖方式，在选址时应对建场以前的土地使用情况进行调查，必要时检测重金属和农药（特别是有机氯农药等持久性有机污染物）的残留状况。

（四）水产养殖区应远离畜禽养殖场

某些饲料添加剂（如阿散酸）的使用，会导致畜禽粪便中含有重金属等有毒有害物质，从而对周围土壤造成污染。另外畜禽的粪便污水会污染养殖水体，造成致病微生物和寄生虫的交叉感染。水产养殖场（尤其是开放式的养殖场）应远离畜禽养殖场。

（五）养殖区域应远离河流入海口水域环境

监测结果表明，河流入海口污染程度明显高于其他水域。因此，无论从保证养殖生物的安全角度还是从食品安全角度，都不应在河流入海口附近进行水产养殖。

（六）养殖环境应符合国家标准

养殖环境的国家标准和行业标准有《渔业水质标准》《无公害食品淡水养殖产地环境条件》和《无公害食品海水养殖产地环境条件》等。养殖环境对产品质量安全的影响程度因品种、养殖周期和养殖方式等因素的不同而不同。一般来说，滤食性水生动物和以天然饵料为主要饵料的养殖产品容易富集环境中的有毒有害物质。

第三节　科学合理使用农业投入品

农业投入品是指在农产品生产过程中使用或添加的物质。包括种子、种苗、肥料、农药、兽药、饲料及饲料添加剂等农用生产资料产品，农膜、农机、农业工程设施设备等农用工程物资产品。农业投入品的使用是现代农业发展的基础，对农业的稳产、丰产起到了重要作用，但长期滥用农业投入品也会对生态环境和农产品质量安全造成严重的威胁。科学使用农业投入品，保证农业生产的源头安全，是实现农业可持续发展的必要条件。

一、农作物种子

（一）科学选购

（1）品种适宜当地种植。购种子时应根据当地生态、地力水平、灌溉条件、种植模式以及病虫害发生情况，选择经过省级以上权威部门审定过的适宜当地种植的丰产、稳产、抗逆性强、适销对路的品种，不能盲目听信广告宣传随意购种批量购种前最好有试种经历，避免大面积生产损失。

（2）到正规企业购买。购种时应选择经济实力强、规模大、信誉良好且具种子经营合法资格（种子经营许可证、种子委托代销证、营业执照，“两证一照”齐全）的单位或种子经营门市部，不要到证照不全或无证照的单位、个人处购买，不要购买流动商贩的种子。

（3）标签完整。《中华人民共和国种子法》第三十五条规定“销售的种子应当附有标签”。种子标签应包括以下内容：审定编号（法规规定必须审定的种子）、作物种类、种子类别、品种名称、产地、净含量、种子生产许可证编号、种子经营许可证编号、检疫证明编号、生产年月、质量标准、生产商名称、生产商地址及联系电话。

进口种子首先要查看种子产地和生产商，产地和生产商在国外的才属于进口种子。特别要注意的是，有些种子标签以“原产地”代替“产地”来迷惑农民，即使“原产地”标注为别的国家或地区的也不一定是进口种子，关键要看“产地”。其次要查看进口商和进口种子审批文号。按照法律规定，进口种子必须标注进口商名称、地址、联系方式、进口种子审批文号和种子进出口资格证书或对外贸易经营者备案登记表编号等内容，没有标注这些内容的种子很可能不是进口种子。

（4）种子感观符合要求。一看整齐度，混杂种子粒型不整齐；二看粒色，同一种作物种子的粒色必须一致（有些花色种子除外，如有些甜糯玉米，为白、紫两色组成）；三看光泽，农作物种子一般光泽鲜亮一致，不能有霉点、污点和烂粒；四看种子净度，用手抄一下种子，手指沾有细粉状物较多，可能是陈种；五看种子含水率，用牙咬种子，如有尖脆响声，则含水率基本正常，若无尖脆声或谷料断面不整齐，则可能种子含水率超标。

（5）索要并保留购种票据。票据是购种者在发生因种子质量问题进行索赔时的重要法律依据，购种时一定要索要正规的票据并保管好包装、标签、信誉卡和少许种子样品，一旦发生质量事故时用于举证索赔。

（二）科学使用

大量种子播种前一定要先行试种，逐步扩大种植，避免发生重大损失。种子播种期决定了作物能否正常成熟收获和达到预期产量，播种期不当甚至可导致绝收。如十字花科作物在低温期间（10℃以下）播种，一般经过 10～30 天即可通过春化阶段抽薹开花，一旦抽薹开花则不能再获得正常生物产量；禾谷类作物如果播种迟、积温不够则易造成灌浆不足和减产等。

（三）安全存放

种子购回后要妥善保管，特别是包衣种子应放在小孩或家畜接触不到的地方，保管时应注意温度适宜，防潮、防蛀，避免与化肥、农药等物同放，以免影响发芽率。

二、肥料

（一）科学选购

（1）“四看”。一看经营者的经营资格，是否有经营化肥的营业执照等合法手续；二看产品合格证、肥料检验单，并索取购销凭证；三看肥料标识，分清肥料类别和性质，了解肥料的养分含量、用途、用法、注意事项；四看肥料企业是否办理了有关法定手续。

（2）“四不要”。一不要贪图便宜，不顾质量，购买假劣肥料。二不要看“大”不看“小”。如用大字在显著位置标出“俄罗斯”，用小字标出“采用”“原料”等，使人误认为进口化肥。三不要被新概念迷惑。有些产品在包装上大做文章，标以“生物”“活化”“绿色”等词汇，实际是一般产品。四不要自认“倒霉”。发现假化肥或使用中出现肥害等现象，应向当地农业主管部门、技术监督部门、工商部门和消费者协会等及时反映举报。

（二）合理施用

（1）测土配方施肥。配方施肥一定要遵循有机与无机相结合，大量、中量、微量元素配合，用地与养地相结合，投入与产出相平衡的原则，综合考虑作物需肥特性、土壤供肥能力等，确定氮磷钾以及其他中微量元素使用量，并采取科学合理施肥措施，以使作物均衡吸收营养，维持土壤肥力水平，减少养分流失对环境的污染。

（2）有据施肥。首先是看温湿度、降雨、光照等气象因素对肥效有无影响。二是看地，要因土施肥。三是看作物，根据不同作物对养分的不同需求，找出土壤中影响产量的缺素因子，结合肥料特性做到配方施肥。四是看“时期”，根据作物不同生长期对肥料需求量不同，在作物需肥临界期施足所需肥料。

（3）施肥方法。依据土壤类型和作物特性，采用有效的施肥方法，如铵态氮肥应注意防止氨的挥发损失，以深施为好。硝态氮肥应注意养分的渗淋，不宜用于水田。速效磷肥要尽量集中施用，以减少土壤对磷的固定。酸溶性磷肥（如磷矿粉）和碱性磷肥（如钙镁磷肥）则宜用于酸性土壤和吸磷能力较强的作物上。

（4）秸秆还田。秸秆还田是培肥地力、充分利用资源、降低焚烧污染和农产品生产成本的有效技术措施，但有机质分解会产酸，应适当施一些石灰。

（三）安全存放

（1）防潮湿。任何化学肥料都应贮存在干燥阴凉的室内，否则会引起吸湿潮解，降低肥效，还会使化肥结块，施用不便。

（2）防混放。不同种类的肥料要分别堆放，不要混堆和散包，以防不同品种肥料相互作用，引起化学变化，损失养分。同时，注意不要磨损肥料袋上的标签，以免混杂和错用。

（3）防水火。具有燃烧性的硝酸钾、硝酸钠等不与锯木屑、硫黄等易燃物存放在一起。不能在贮有上述肥料的房间内抽烟点火，以防火灾。贮肥的房间要防漏雨，以免造成肥料的淋湿。

（4）防腐毒。有的化肥有腐蚀性或毒性，搬运、施用时，应站在上风，最好戴上口罩和风镜，储存时最好用耐腐蚀的容器存放。

[小贴士]

肥料的分类方法和种类

肥料的分类方法和种类很多，成分性质差别很大。

肥料的分类。肥料可分为无机肥料、有机肥料和生物肥料。无机肥料又称化学肥料，比如氮肥、磷肥、钾肥、复混肥，等等。有机肥料又称农家肥，如厩肥、绿肥、饼肥、圈肥和堆肥，等等。生物肥料又称细长肥料，属于改善植物营养条件的肥料，不能直接供给养分。根据不同的施用措施，肥料还可以分为基肥、追肥、种肥和叶面肥。

依作物对元素的需要量划分。还有一种分类是依据作物对元素的需要量划分的，包括大量、中量、微量元素肥料，大量元素肥料如氮肥、磷肥、钾肥；中量元素肥料如钙肥、镁肥和硫肥；微量元素肥料如铁肥、锰肥、硼肥、锌肥、铜肥和钼肥等。

复混肥料。复混肥料又可以分为两元、三元或者多元复合肥料，复混肥料实际上是两种或者三种主要营养元素如氮、磷、钾的肥料的总称，多元肥料是指不仅含有大量营养元素氮、磷、钾，同时还含有多种微量元素的肥料。复混肥料的生产都是将多种单元素肥料或者多元素肥料按照不同作物对养分的需要，以一定比例进行混合，并经过一定的生产工艺制成颗粒，然后进行包装而成的肥料，如蔬菜专用肥、果树专用肥、小麦专用肥，等等。

目前还有一种新型的肥料品种称为控释肥料，也可叫做智能肥或者傻瓜肥，如控释氮肥、控释磷肥、控释复合肥等。

三、农药

（一）科学选购

（1）从农资商店购买。购买农药应选择持有《农业投入产品经营许可证》的正规的农资商店。不购买流动商贩或抽样检测经常不合格的农资商店经销的农药。

（2）有完整的农药标签。生产的农药必须使用农药通用名称或简化通用名称，如“嗟嗪酮”“氯吡脲”等。标签和说明书上应当标注的主要内容包括：农药名称、有效成分及含量、剂型、农药登证号或农药临时登记证号、农药生产许可证号或者农药生产批准文件号、产品标准号、企业名称及联系方式、生产日期、产品批号、有效期、重量、产品性能、用途、使用技术和使用方法、毒性及标识、注意事项、中毒急救措施、存和运输方法、农药类别及其他经农业部核准要求标注的内容。

(3) 农药证号齐全、真实。仔细查看标签上的农药证号，对于国产农药需查看是否有农药登记证号、产品标准号、生产批准证号，对于原装进口农药需查看是否具有农药登记证号。购买时还可向农资销售人员索要农药登记证复印件与农药标签核对，核对无误后再行购买。不购买证号不全或证号虚假的农药。

(4) 选择适用种类。要根据需要防治的农作物及对象等，选择与标签上标注的适用作物和防治对象一致的农药，并核对所标注的施药方法是否适合自己。选择用量少、毒性低、残留小、安全性强的产品。

(5) 检查产品外观。粉状产品应当为疏松粉末，无团块；颗粒产品应当粗细均匀，不应当含有较多的粉末；乳油或水剂等流动状态的产品应当为均匀的液体，无结块，长期存放可能存在少量分层现象，但经摇晃后应当能恢复原状。

(6) 了解隐性成分。农药隐性成分是在农药标签中没有明示的有效成分。如农药标签是氰戊菊酯，不法厂家为了增加效果等，添加了毒死蜱，那毒死蜱就是隐性成分。在农药中任意添加其他农药隐性成分，不但严重违法，同时也对农产品质量安全造成严重威胁。因此，在购买农药时，一般应选择大公司生产的产品。

(7) 索要并保留购药票据。购买时索要发票或收据凭证，以备发生质量问题时作为维权依据。

(二) 合理使用

(1) 农药用量。按农药标签和使用说明书推荐剂量并结合需要施用的面积或用水量称取（量取）农药量，随用随配。勿随意增加或减少农药的使用量，否则易产生药害、农药残留超标或药效降低。植物生长调节剂应根据植物种类、生长发育阶段、使用部位不同确定适宜用量。

（2）施药时间。根据病虫草害的测报通报、发生规律、田间动态，选择防治适期或达到防治指标时用药。尽量选在无雨、无风或微风天气施药，刮风下雨易导致药剂飘移或流失。高温季节避免中午施药。

（3）施药方式。要与农药的剂型对应，既可以发挥农药的防治作用，也能避免作物药害、减少对天敌等有益生物的危害和农药残留。如可湿性粉剂不能用于喷粉，粉剂不能用于喷雾，内吸剂一般不宜用做毒饵，点花使用的植物生长调节剂勿蘸在叶片或嫩梢上。

[小贴士]

施用农药注意事项

喷雾或喷粉施药时做到细致均匀，高温季节适当增加用水量，使用烟熏剂必须保持棚室密闭。不使用禁用或在待防治作物上限用的农药，勿擅自“复配”农药。

（三）安全存放与防护

（1）安全存放。农药应独立设置贮存室，不得与化肥、种子苗木和新鲜产品存放在一起。农药储存室应具备下列条件：建筑物结构坚固并远离住宿区，门、窗、锁齐备；具有良好的照明通风设备；阴凉、避光、通风良好；必要的消防设施。农药应该分类存放：先按照农药的种类（杀虫剂、杀菌剂、除草剂等）；其次按照毒性的高低，分类存放。

（2）安全防护。未成年人、患有皮肤病、皮肤损伤未痊愈者、精神病人、农药中毒未完全恢复者、酒后，及月经期、妊娠期、哺乳期的妇女等人群不得施用农药。施药时避开高温季节和高温时段，不能逆风施药。施药人员应穿长衣长裤、戴手套、口罩，尽量不使皮肤外露。

施药后的田块应树立明显标识，防止误采误摘。施药人员及时洗澡并更换衣服。废弃农药包装瓶、袋应收集后集中处理，严禁随意丢弃，更不可扔于沟、河、灌溉渠等水域，也不可在这类水域中清洗施药器械。

［小贴士］

农药的分类

农药品种众多，我国现有农药 6 000 多种，常用的 300 多种。根据农药的用途，通常把农药分为以下几类。

杀虫剂。包括杀螨剂，如吡虫啉、毒死蜱、高效氯氰菊酯、异丙威等，在标签上用“杀虫剂”或“杀螨剂”字样和红色带表示。

杀菌剂。如多菌灵、代森锰锌、井冈霉素等，在标签上用“杀菌剂”字样和黑色带表示。

除草剂。如草甘膦、百草枯、莠去津、烯禾啶、敌稗等，在标签上用“除草剂”字样和绿色带表示。

植物生长调节剂。如芸薹素内酯、多效唑、赤霉素等，在标签上用“植物生长调节剂”字样和深黄色带表示。

杀鼠剂。如杀鼠醚、溴敌隆等，在标签上用“杀鼠剂”字样和蓝色带表示。

（资料来源：函羽，中国农药信息网）

四、兽药

（一）科学选购

（1）了解剂型特点。选购兽药要了解兽药各种剂型的特点，如水针剂和粉针剂价格较贵，但用药期短，作用快，效果明显；片剂、散剂和药物添加剂使用方便，具有特定疗效，价格适中。

（2）包装标签完整。兽药产品（原料药除外）必须同时使用内包装标签和外包装标签。内包装标签必须注明兽用标识、兽药名称、适应症（或功能与主治）、含量/包装规格、批准文号或《进口兽药登记许可证》证号、生产日期、生产批号、有效期、生产企业信息等内容。安瓶瓶等注射或内服产品由于包装尺寸的限制而无法注明上述全部内容的，可适当减少项目，但至少须标明兽药名称、含量规格、生产批号。外包装标签必须注明兽用标识、兽药名称、主要成分、适应症（或功能与主治）、用法与用量、含量/包装规格、批准文号或《进口兽药登记许可证》证号、生产日期、生产批号、有效期、停药期、贮藏、包装数量、生产企业信息等内容。

（3）观察产品外观。从产品本身看，不合格水针剂或油溶剂，在强光下观察，可见有微小颗粒或絮状物、杂质等；不合格片剂，其包装粗糙，压片不紧，上面有粉末附着，无防潮避光保护等。

（4）关注企业信誉。要尽量选购在行业内有良好信誉的生产商的兽药产品，这些药品质量比较稳定。

（二）合理使用

（1）预防为主。需要有计划、有目的地使用疫苗或采取其他措施进行常见传染病（如猪瘟、猪乙型脑炎、蓝耳病、牛炭疽、羊快疫、羊黑疫、禽流感和新城疫）的预防。

（2）安全使用兽药。在治疗过程中，应使用通过批准的兽药，尽量使用高效、低毒、无公害、无残留的“绿色兽药”，严禁在猪、牛、羊饲养过程中使用沙丁胺醇、盐酸克伦特罗（俗称“瘦肉精”）、莱克多巴胺等违禁兽药，严禁在蛋禽饲料中添加“苏丹红”等非法添加剂。

（3）对症适量。治疗用药要在兽医指导下规范使用，不得私自用药。因有的病原微生物会产生抗药性，同一种疾病也不建议长期使用一种药物治疗。严格掌握适应症，如由病菌引起，需弄清病菌的种类及其对药物的敏感性，有条件时应作药敏试验。要掌握好用药量，对症下药，节省用药，减少开支。

（4）疗程合理。用药必须有兽医的处方，饲养过程的用药必须有详细记录，严格执行处方上标明的休药期。如果用药时间过短，起不到彻底杀灭病菌的作用，甚至可能会给再次治疗带来困难。如果用药时间过长，可能会加大药物残留和造成药物浪费。

（三）安全存放

在空气中易变质的兽药，如遇光易分解、易吸潮、易风化的药品应装在密封的容器中，于遮光、阴凉处保存。受热易挥发、易分解和易变质的药品，需在 3~10℃条件下保存。化学性质相反的药品，应分开存放，如酸类与碱类药品。具有特殊气味的药品，应密封后与一般药品隔离贮存。要注意按类、分期分别贮存，以免发生差错。

五、种畜禽

（一）种畜禽的生产和经营

《中华人民共和国畜牧法》规定，凡从事种畜禽生产经营或者生产商品代仔畜、雏禽的单位、个人，应当取得种畜禽生产经营许可证。用于自繁自养和有少量剩余仔畜、雏禽出售以及种公畜进行互助配种的种畜禽饲养户，不需要办理种畜禽生产经营许可证，但应当符合动物防疫的有关规定。生产经营种畜禽的单位和个人应当向具有种畜禽生产经营许可证的单位和个人购买种畜禽。

（二）种畜禽的购买和引进

（1）到非疫区购买。购买种畜禽前，要详细了解购进地的动物疫病流行情况，避免在疫病流行的地区购买。《中华人民共和国动物防疫法》规定：跨省、自治区、直辖市引进种用动物及其精液、胚胎、种蛋时，应当向输入地省、自治区、直辖市动物卫生监督机构申请办理审批手续，并按规定取得检疫证明。

（2）到正规的种畜禽场购买。正规的种畜禽场，种畜禽的质量能够有保证。购买时务必索要种畜禽合格证明、动物检疫合格证明、家畜禽系谱等资料。

（3）购进后要隔离观察。种畜禽购进后，一般应在隔离饲养场隔离饲养 45 天左右，经确认无病后，才能混群饲养。特别是跨省、自治区、直辖市引进的种用动物到达输入地后，货主必须按照国务院兽医主管部门的规定对引进的种用动物进行隔离观察。

六、饲料和饲料添加剂

（一）科学选购

饲料是指经工业化加工、制作的供动物食用的产品，包括单一饲料、添加剂预混合饲料、浓缩饲料、配合饲料和精料补充料。饲料及饲料添加剂的生产厂家应取得相应的生产许可证、产品企业标准等，其产品应符合饲料质量安全管理规范、饲料卫生标准中的基本控制要求。饲料添加剂应符合饲料添加剂品种目录、饲料添加剂安全使用规范、饲料和饲料添加剂管理条例等相关规定。

用户购买相关产品时，需注意产品外包装袋、标签等要符合国家相关法规要求，标签上的相关信息：生产厂家名称、包装重量、生产许可证号、产品使用阶段、保质期、生产批号、营养指标、注意事项、药物添加情况等，信息要齐全。饲料拆包后，产品外观应一致、色泽均匀，同时应有正常的饲料味道，如谷香味、特殊的香味剂味道。

（二）合理使用

饲料中合理使用添加剂，能提高畜禽的生产性能，减少飼料消耗，从而提高畜牧经济效益。农业部发布的饲料药物添加剂使用规范，规定了57种饲料药物添加剂的适用动物、用法与用量、停药期及注意事项等，保障规范科学用药，严格控制畜产品中药物残留。饲料添加剂品种目录之外的其他任何添加物，未经农业部审批，不得作为饲料添加剂在饲料生产中使用。

（三）安全贮存

饲料原料和饲料添加剂应贮存在阴凉、通风、干燥、洁净，并有防虫、防鼠、防鸟设施的仓库内。同一仓库内的不同饲料原料应分别存放，并挂标示牌，避免混杂；饲料添加剂、兽药应单独存放，并应挂明显的标示牌。

七、水产苗种

（一）苗种场选择

水产苗种是指包括用于繁育、增养殖（栽培）生产和科研试验、观赏的水产动植物的亲本、稚体、幼体、受精卵、孢子及其遗传言种材料。

《中华人民共和国渔业法》（以下简称《渔业法》）规定对苗种生产实行许可制度。

[小贴士]

水产苗种场的资质和条件

（1）有固定的生产场地、水源充足、水质符合渔业用水标准。

（2）用于繁殖的亲本来源于原、良种场、质量符合种盾标准。

(3) 生产条件和设施符合水产苗种生产技术操作规程的要求。

(4) 有与水产苗种生产和质量检验相适应的专业技术人员。

购买水产苗种时，要到具有资质（有生产许可证的）、信誉良好的水产苗种良种场购买。购买时应索要发票，若为收据，则应有销售单位公章，以备日后一旦出现质量问题时方便追溯。

(二) 苗种选购

辨别水产苗种质量的基本原则是：规格均匀、体质健壮、活动力强、无伤病、无药物残留、不携带病原。

[小贴士]

水产苗种选购技巧

鱼苗。健壮的鱼苗，背部、尾部的肌肉肥厚，鳞片完整，鳍条无损，体表光滑，无伤、无寄生虫，而且同品种、同龄的鱼苗，大小均匀。看体色，群体色素相同，身体清洁，略带微黄色或稍红，无白色死苗，不沾泥污为优质苗。看游泳，搅动盛放鱼苗容器中的水产生旋涡，鱼苗在旋涡边缘逆水游泳的为优质鱼苗；将鱼苗放进白色瓷盆，吹动水面，鱼苗能顶风逆水游动，倒掉水后，鱼苗在盆底剧烈挣扎，头尾不断弯曲摆动的为优质苗。

虾苗。肉眼观察虾苗群体发育整齐、肌肉饱满透明、附肢完整、色素正常不发红、身体没有白点、不畸形、胃肠充满食物、动作活泼、游泳时身体平直、逆水游泳能力强、前方的两条长须时常并在一起、无外部寄生物及附着污物的为优质苗。虾苗附肢中，胃肠充满食物，游动活泼、逆游能力强。各种对虾虾苗个体都有不同：刀额新对虾（蚕虾）0.6 厘米以上，南美白对虾、长毛对虾等 0.8 厘米以上，中国对虾体长 1 厘米以上、斑节对虾、日本对虾在 1.5 厘米以上。

蟹苗。一是观察，体质健壮的蟹苗规格比较整齐，游泳活泼，爬行敏捷，干水后，手抓一把，轻轻一握，然后松开，如果蟹苗能迅速散开，爬行敏捷，则证明质量较好；二是称重，优质苗每 500 克 7.5 万~8.5 万只。

当前，水产苗种存在的主要问题是：部分地区苗种场仍存在无证生产、是缺乏生产规范和滥用药物的现象，生产和销售的苗种体质弱、抗病能力差，严重损害了广大养殖渔民的利益。

[小贴士]

有关农产品安全生产的概念

植物生长调节剂。是一类与植物激素具有相似生理和生物学效应的物质，用于调节植物生长发育的一类农药，包括人工合成的化合物和从生物中提取的天然植物激素。主要用于化学杀雄、防止徒长、调节花期、抑制腋芽生长、提高坐果率、催熟等。植物生长调节剂也属于农药，其生产经营和使用应符合农药管理条例要求。滥用植物生长调节剂会影响品质和外观、形态，降低产品的经济价值。

安全限量。食品中对人体健康可能造成危害的化合物含量的安全控制值。

超量。在农业生产过程中化学投入品的使用量超出规定的量值范围。例如，我国对饲料中允许添加兽药的量都规定了用量范围，如果长期超量使用，则引起常用药物的抗药性日趋严重。

超范围。在农业生产过程中化学投入品的使用超出规定的对象或用途范围。例如，登记标签上 18 克/升阿维菌素乳油的使用作物和防治对象分别为甘蓝和小菜蛾，在水稻、柑橘等非甘蓝类作物上使用，均为超范围使用。

频次。在一个作物生长周期或动物的生命周期内投入某种化学品的次数。

休药期。食用动物在最后一次使用兽药到屠宰上市或其产品（蛋、奶等）上市销售的最短期间。

安全间隔期。是指最后一次施药至放牧、收获（采收）、使用、消耗作物前的时期，自喷药后到残留量降到最大允许残留量所需间隔时间。如 18 克/升阿维菌素乳油在甘蓝上的安全间隔期为 21 天，则在甘蓝采收前至少 21 天就要停止施用该农药。

禁用农兽药。国家明令禁止销售和使用的农兽药。具体品种可查询农业部公告。

限用农兽药。国家限制在某种作物或动物上登记和使用的农兽药。具体品种可查询农业部公告。

第四节　产后处理与初加工

一、适时收获

农产品的收获期直接关系产量和品质，过早或过晚收获品质会有所下降。农产品的成熟期可分为采收成熟期和食用成熟期。采收成熟期是指果实已经有开始软化的趋势（如番茄），或颜色已经开始发生变化（如香蕉皮由青转黄），或用手敲打声音开始发生变化（如西瓜）等，食用成熟期是指果实最好吃的时期，此时采收贮藏期短，容易腐烂。为了贮藏和长途外运往往需要提前采收，最好是在未收成熟期时采收。

［小贴士］

桃、李、杏和香蕉的合适采收期

桃、李、杏的合适采收期。桃、李、杏果实属于呼吸跃变型果实，不耐贮藏，果实采收期是否适宜，对贮藏保鲜效果有重要影响。供作贮藏用的果实，一般宜在八成熟时采收。八成熟的果实外观：果面半满，果肉较硬，稍有弹性，红色品种底色变乳白色，果面有 1/2 面积着色，黄色品种变绿黄色，桃果面茸毛稍稀，李果面有果粉。果实采收，宜在早晨露水干后，或傍晚进行，不宜在中午阳光大时采收，以避免果实带有大量的田间热，增加果实的呼吸强度。成熟期有明显差异，要分批采收。

香蕉的合适采收期。香蕉的适时采收期是在香蕉果指增长增粗到一定程度，果实棱角从明显变成不明显，果实趋向于饱满的圆柱状，果皮从深绿变为淡黄绿。一般采收宜在上午进行，采后果实不能暴晒。收蕉前 10 天不宜灌水，采后最好及时落梳、洗果、保鲜、包装。在采收过程中，要防止机械损伤。在运输过程中，果穗不能碰、擦伤，也不能过度堆叠在一起，以免压伤。

二、农产品初加工与风险控制

（一）采后处理与初加工

不同种类的农产品，采后处理和加工的方式各有不同。

（1）水果、蔬菜主要是指采收以后的分级、清洗、打蜡、包装和贮藏、运输，有时指干制、防腐保鲜等。

（2）粮食主要有脱粒、干燥、去杂，有时还通过粉碎，制成商业食品或中间产品。

（3）调味香辛料如花椒、茴香、辣椒、芥末、胡椒等产品亦是我国产量较大的香辛料，根据其水分的不同，主要的初加工形式有保鲜处理、贮运、干制、脱皮、磨碎（粉）、包装等。

（4）干果及各类真菌主要的初加工有脱壳、去核、去芯、干燥、包装等。

（5）中草药主要有清洗、切片、干燥、分级、包装等。

（二）贮运和初加工农产品的风险因子及防控

根据农产品安全的一般原则，其风险因子主要有物理性因子、化学性因子、生物性因子三大原因。

（1）物理性因子。指因人工或机械等因素在农产品中混入的杂质。在初加工农产品中的物理因素主要有从田间带来的杂草、石块、泥沙等。加工中由于器具原因会混入金属屑等。有时还因为加工条件简单、过程多而混合一些灰尘、昆虫或其他的杂质。

防控措施：泥土和泥沙通过清洗来达到去除，亦可通过筛子、风力分选设备来去除；金属碎屑则在包装前通过金属探测器的方法来达到农产品的安全目的。

（2）化学性因子。指在生产加工过程中使用合成化学物质而对农产品质量安全产生的危害。农药和兽药的残留主要是在采前施用，新的污染主要来自于采后处理及加工过程中添加的食品添加剂、非食品物质等。另外在处理和加工过程中亦会因为容器、环境等污染原因而导致风险增加。

防控措施：针对不同的化学性污染，其防控措施多种多样，主要是针对不同的风险来源进行防控。

（3）生物性因子。生物性因子指自然界中各类生物产生的污染，如致病性细菌、病毒以及某些毒素、转基因作物的基因漂移等。生物性污染具有较大的不确定性，控制难度大。

对于致病菌的污染要分清情况，大部分致病菌在高水分农产品中较易发生，产后容易产生腐烂变质，同时产前和产后都有可能污染，因此，生产环境、工器具、设备进行严格的消毒管理是必须的操作。

（三）鲜活产品产后防腐保鲜剂使用及风险

农产品按其水分可分成低水分和高水分两大类，前者如各种粮食和干的豆类、食用菌等，后者如新鲜的果蔬。果蔬在贮藏和运输中为了保持水分、风味，防止腐烂和变质，需要防腐保鲜处理。

使用防腐保鲜剂主要是抑制果蔬的呼吸作用和抑制微生物的生长。防腐保鲜剂的使用风险主要是超范围和超量使用两个方面，需严格按我国食品添加剂使用标准（GB 2760）的规定执行，防止滥用食品添加剂。

（四）活鱼养殖与运输中使用孔雀石绿的风险

孔雀石绿是一种带有金属光泽的绿色结晶体，属三苯甲烷类染料。又名碱性绿、孔雀绿，它既是杀真菌剂，又是染料，易溶于水，溶液呈蓝绿色。孔雀石绿具有较多副作用，同时具有致癌、致畸、致突变作用，禁止使用。

[小贴士]

判别水产品是否使用孔雀石绿的方法

一是看鱼鳞的创伤是否着色。受创伤的鱼经过浓度大的“孔雀石绿”溶液浸泡后，表面发绿，严重的呈现青草绿色。二是看鱼的鳍条。正常情况下，鱼的鳍条应是白色，而“孔雀石绿”溶液浸泡后的鱼，鳍条易着色。三是若发现通体色泽发亮的鱼应警惕。

（五）动物源农产品的贮运和保鲜危害因子及控制

动物来源的农产品包括畜禽肉、蛋类、水产品、奶及其制品等，由于其营养丰富、水分多，在贮运过程中容易腐败变质。冷链贮运是防止细菌生长、阻止化学变质的最重要控制措施。从长远的角度看，随着生活水平提高，对安全要求的增加，非低温的销售点和运输方法应逐步被取消。现在已有非常先进的温度、湿度记录仪，可在贮藏和运输过程全程记录、监控运输车、冰箱、冷库的温度和湿度，从而保证产品的安全。

三、包装标识

建立农产品包装和标识制度，是实施农产品追踪和溯源、建立农产品质量安全责任追究制度的前提，是防止农产品在运输、销售或购买时被污染和损害的关键措施。同时，对农产品进行包装和标识，也有利于购买者、消费者快速识别产品名称、质量等级、数量、品牌以及生产者信息，有利于保障消费者的知情权和选择权。

（一）农产品包装

农产品包装是指农产品分等、分级、分类后实施装箱、装盒、装袋、包裹等活动的过程和结果，其中也包括对农产品的清洗、分割、冷冻等活动。农产品生产企业、农民专业合作经济组织以及从事农产品收购的单位或者个人，销售获得无公害农产品、绿色食品、有机农产品等认证的农产品（不包括鲜活畜、禽、水产品）必须包装。符合规定包装的农产品拆包后直接向消费者销售的，可以不再另行包装。

（二）农产品标识

农产品标识是指用来表达农产品生产信息、质量安全信息和消费信息的所有标示行为和结果的总称，可以用文字、符号、数字、图案及相关说明进行表达和标示。

农产品生产企业、农民专业合作经济组织以及从事农产品收购的单位或者个人包装销售的农产品，应当标明品名、产地、生产者或者销售者名称、生产日期。有分级标准或者使用添加剂的，还应当标明产品质量等级或者添加剂名称。

未包装的农产品，应当采取附加标签、标识牌、标识带、说明书等形式标明农产品的品名、生产地、生产者或者销售者名称等内容。农产品标识所用文字应当使用规范的中文。标识标注的内容应当准确、清晰、显著。

销售获得无公害农产品、绿色食品、有机农产品等质量标志使用权的农产品，应当标注相应标志、授权号和发证机构。禁止冒用无公害农产品、绿色食品、有机农产品等质量标志。畜禽及其产品、属于农业转基因生物的农产品，还应当按照有关规定进行标识。

[小贴士]

农产品包装污染

农产品包装后常见的问题，除气体和水蒸气的渗透外，包装材料中的塑料组分有可能迁移到农产品中而产生污染。基于这种原因，国家对用于食品包装的塑料进行了规定，农产品包装时应选择国家允许使用的塑料进行包装。

第五节 农产品质量安全检测

农产品质量安全检测是从待检测的全部样品中抽取有代表性的样品，针对特定质量安全指标，按照标准方法进行测定，限量标准或有关要求进行对比，判断样品合格与否。

一、农产品质量安全检测的作用

“合格的农产品都是生产出来的，不合格农产品只有通过检测才能识别”，作为农产品质量安全监管的技术支撑，检测不仅为上市农产品是否合格提供判别依据，而且可以指导农民进行科学和安全生产。

（一）政府实施农业行政执法的客观依据

农产品质量安全法第二十六条规定：“农产品生产企业和农民专业合作经济组织，应当自行或者委托检测机构对农产品质量安全状况进行检测；经检测不符合农产品质量安全标准的农产品，不得销售。”

（二）政府有效实施风险管理的科学依据

农产品质量安全隐患和问题无法通过肉眼识别判断，需要借助专业的仪器设备进行测定，通过检测及时发现问题隐患，为农产品质量安全风险评估提供数据支撑，为公众及时了解农产品质量安全现状提供权威信息，找准薄弱环节和工作切入点，督促农产品生产经营者不断提高农产品质量安全水平，防范农产品质量安全风险，保证农产品消费安全。

（三）政府开展农产品质量安全监测的技术手段

通过对生产或流通环节中农产品质量安全进行有计划、有重点的持续监测和定期、不定期的监督抽查，全面、及时、准确地掌握农产品质量安全状况。

（四）农业生产经营者评判农产品质量安全状况的可靠途径

通过自行送检有代表性的（或指定的）样品，进而判断所测（或所代表的）农产品的质量安全水平。

[小贴士]

速　测

利用试剂、试纸及速测仪器等对产品进行简单测试的检测方式，特点是相对常规检测而言，速度更快、操作更简便。速测一般只是定性检测，如需定量检测，需利用气相色谱仪、高效液相色谱仪、原子吸收、原子荧光等大型分析仪器测定。

二、农产品质量安全检测机构的类型

农产品质量安全检测机构是农产品质量安全监管工作的重要技术保障和支撑。按检测领域通常分为专业性和综合性检测机构，按所有制性质可分政府检测机构和民营检测机构。

[小贴士]

农产品质量安全例行监测与监督抽查

(1) 农产品质量安全例行监测指由县级以上人民政府农业行政主管部门组织有关农产品质量安全管理机构和农产品质量安全检测机构，对生产中或者在批发市场、农贸市场、超市等销售的农产品进行随机抽样检测，并依法发布信息的活动。

(2) 农产品质量安全监督抽查是指县级以上人民政府农业行政主管部门，依法对生产中或者在批发市场销售的农产品实施质量安全监督的一种具体行政执法行为。监督抽查可采取定期、不定期的方式进行，其抽样具有随机性。

三、生产经营者如何选择检测机构

农产品生产企业和农民专业合作经济组织及其他生产经营者不具备自检能力时，可以委托有资质的检测机构对样品进行日常检测工作，委托的机构必须具有相应的资质和检测能力。优先选择距离近、设备精良、技术水平高、行业内口碑好的检测机构。

生产经营者应对质量安全关键控制点进行日常监控。如对产品产地环境进行动态监控，以确保产地环境始终符合安全生产的要求；对农业投入品的质量进行检测，以确保投入品安全可靠，不产生质量安全隐患；对产品上市前的检测，避免因产品安全问题，造成自身经济损失和对消费者健康产生危害。

除此之外，还可以委托相关检测机构开展农产品质量安全技术交流、人员培训、生产指导及技术咨询等服务工作，切实增强企业的质量安全意识，提高生产管理人员素质和管理水平，提升安全生产水平。

农产品质量安全法明确规定，农产品生产企业和农民专业合作经济组织有责任对生产的产品进行销售前检测，检测不符合农产品盾量安全标准的农产品，不得销售。

四、农产品质量安全检测风险控制

农产品质量安全检测是一项复杂的工作。由于检测样品的代表性、科学性和检测仪器的系统误差、检测方法灵敏度、人工操作误差等因素的存在，可能会导致样品的检测结果出现偏差甚至错误。因此，要注意规避检测中的风险，有几个方面需要重点关注。

一是抽样要注意施药间隔期，生产者在送检或自检采样时一定要在安全期采样，如果在施药期采样，产品检测结果可能超标。

二是内部自检时，必须是采用规定的检测标准方法和具备相应的检测人员、仪器设备等条件，保证检测结果准确可靠。当对自身检测结果有疑虑时，可以寻求第三方检测机构检测。

三是对检测结果有异议的，可以自收到检测结果之日起5日内，向组织实施农产品质量安全监督抽查的农业行政主管部门或者其上级农业行政主管部门申请复检。

[小贴士]

申请复检

农产品质量安全法规定：检测可“采用国务院农业行政主管部门会同有关部门认定的快速检测方法进行农产品质量安全监督抽查检测，被抽查人对检测结果有异议的，可以自收到检测结果时起4小时内申请复检。复检不得采用快速检测方法。”

四是委托检测时需要注意以下两点。

(1) 委托的检测机构。应具有法律资质，包括具有在有效期内的两个资质证书：一个是实验室资质认定（计量认证）证书：检验报告中有CMA标识，另一个是农产品质量安全检测机构考核证书，检验报告中有CATL标识。

(2) 样品送检。在委托合同中注明样品状态、是否需要返回样品、检测方法、是否需要判定等信息。一旦涉及维权，这些信息将可能成为重要的证据。

第八章　加强农产品品牌建设

农产品质量安全已经成为全社会关注的焦点，职业农民要树立质量管理意识，按照标准规范进行经营生产，依靠质量和品牌，提升农产品价值，从而把农产品卖出好价钱。

第一节　实施农产品品牌策略

一、有品牌与无品牌策略

在现代市场条件下，由于农产品之间的竞争程度不同，同一类农产品之间的同质性也不一样。如果农产品之间同质性大(即同一类产品之间的质量差异非常小)，此类农产品可以不需要使用品牌。因为使用品牌营销，需要大量的促销费用，增加销售成本，没有必要也不需要这样做。如无论哪里生产的白菜，其质量都差不多，没有特别大的差异，因此不需要使用品牌来区分。对于同质性小（即同一类农产品之间的质量差异大）的农产品，为了与其他同类农产品区分，应使用品牌，以此赢得竞争优势。如同样是红富士苹果，由于地域和技术应用不同，口感和色彩有较大的差异，因此可以利用品牌来区分。

二、生产者品牌和经销商品牌策略

生产者品牌是农民给自己生产的农产品起的品牌，经销商品牌是中间商为销售农产品而使用的品牌。一般来讲，如果生产者实力强，则适宜使用生产者品牌；如果经销商实力强，则适宜使用中间商品牌。

三、统一品牌和个别品牌策略

统一品牌即农民对自己生产或加工的所有农产品（包括不同种类的农产品）使用同一个品牌。采用统一品牌策略，对树立产品的良好形象有利，有利于顺利推出新产品，促销费用较低。缺点是一荣俱荣，一损俱损。即一旦某种农产品因某些原因（如质量）出现问题时，其他产品可能受牵连，影响整体产品的形象，而且统一品牌策略还存在着容易相互混淆、质量档次难以区分的弱点。个别品牌即农民对各种不同农产品分别使用不同的品牌。这种策略，具有东方不亮西方亮的优点，同时便于消费者识别不同质量和档次的产品，有利于新产品向多个目标市场渗透。缺点是促销费用较高。

四、多品牌策略

多品牌策略是指同时为一种农产品设计两种或两种以上互相竞争的品牌的策略。如某农业生态园为自己生产的红、绿辣椒分别设计了“红孩”“绿妹”两个品牌。很明显，这种竞争性品牌策略更加适应细分化的市场，利于提高市场占有率，不足之处在于多品种同时出击会增加营销费用，同时造成自己品牌的竞争，给品牌管理增加了难度。

第二节　加强农产品品牌宣传

我国农产品品牌比较少，准确地说是有知名度的农产品品牌比较少，很多情况下，是农产品注册了商标，却没有知名度。为推进农产品品牌建设，首先需要加强宣传，引导农民、农业合作社、农业企业树立品牌意识，可以从以下几点入手。

一是培育农业龙头企业、农民专业合作社、行业协会等营销主体，形成品牌农产品群体。以品牌为载体，实现小生产与大市场的有效对接。

二是挖掘农业产业文化资源特点与消费者需求趋势，设计和培育具有丰富文化内涵的农产品品牌，利用文化营销，提升品牌价值。

三是充分运用各种媒体，统一进行品牌宣传，扩大证明商标、集体商标的知名度和美誉度。

四是加强农产品专业市场建设，增强市场服务功能。重视现代物流新业态在农产品市场中的应用。

第三节　强化农产品品牌维护

一、积极推进农业产业化

农业产业化有利于满足名牌对产品质量、生产规模和科技含量的要求；有利于充分发挥品牌战略的效益功能；有利于培育良好的市场体系，从而为品牌的创建与维护提供广阔的舞台。

二、积极开发特色农业

尤其是“绿色食品”“无公害农产品”“有机食品”（简称“绿、无、有”）品牌的开发。实施市场准入制度：农产品批发市场、集贸市场、配送中心和超市等应当对进入市场的农产品进行查验。取得无公害农产品、绿色食品、有机食品使用权的农产品在进入市场销售时，可以免予检测。农产品生产企业要按照《无公害农产品管理规定》的要求，建立生产档案和质量安全追溯制度，加快推进无公害农产品、绿色食品和有机食品的质量认证，从而为提高本地农产品的竞争力提供有力的保障。

三、营造良好的市场环境

相关部门要对假冒伪劣商品予以严厉打击，加大农产品质量安全检查力度，加强对农产品安全的监督力度，保护已有的知名农产品品牌，严厉打击制售和使用假冒伪劣农产品行为，对相关企业和个人进行取缔和罚款。对合格率较高的区域和农产品进行跟踪整治，对不合格农产品依法处理。督促农产品批发市场、配送中心、农产品生产基地、集贸市场应用速测技术检测农产品农药残留。

四、努力发展农产品加工业

加大有关农产品加工业基础设施建设的支持力度，依靠科技进步，加强企业管理和推行标准化生产，发展精深加工，提高产品质量、档次。采取扶持发展的措施，为农产品加工业创造良好的发展环境，从而为农产品树立品牌打下良好的基础。

五、着力提高农产品质量

品牌美誉度的提升离不开产品质量的提高，农产品也是如此。无论政府也好，企业也罢，都应提高对农业科技的投入，与农业院校和科研院所合作，依靠科技手段打造精品、树立品牌，从而使本地知名农产品品牌更具竞争力。

第四节　做好农产品品牌管理

品牌管理是指针对企业产品和服务的品牌，综合地运用企业资源，通过计划、组织、实施、控制来实现企业品牌战略目标的经营管理过程。品牌管理是个复杂的、科学的过程，不可以省略任何一个环节。成功的品牌管理一般包括以下 4 个步骤。

一、勾画出品牌的“精髓”

首先把品牌现有的、可以用事实和数字勾画出的、看得见摸得着的人力、物力、财力找出来，然后根据目标描绘出需要增加哪些人力、物力和财力才可以使品牌的精髓部分变得充实。这里包括消费群体的信息、员工的构成、投资人和战略伙伴的关系、企业的结构、市场的状况、竞争格局等。

二、掌握品牌的“核心”

由于品牌和人一样除了有躯体和四肢外还有思想和感觉，所以我们在了解现有品牌的核心时必须了解它的文化渊源、社会责任、消费者的心理因素和情绪因素，并将感情因素考虑在内。根据要实现的目标，重新定位品牌的核心并将需要增加的感性因素一一列出来。

三、寻找品牌的灵魂

通过第一和第二步骤对品牌理性和感性因素的了解和评估，升华出品牌的灵魂及独一无二的定位和宣传信息。人们喜欢吃麦当劳，不是因为它是“垃圾食物”，而是它带给儿童和成年人的一份安宁和快乐的感受。所以品牌不是产品和服务本身，而是它留给人们的想象和感觉。品牌的灵魂就代表了这样的感觉和感受。

四、品牌的培育、保护及长期爱护

品牌形成容易，但维持是个很艰难的过程。没有很好的品牌关怀战略，品牌是无法成长的。很多品牌只靠花掉大量的资金做广告来增加客户资源，但由于不知道品牌管理的科学过程，在有了知名度后，不再关注客户需求的变化，不能提供承诺的一流服务，失望的客户只有无奈地选择其他品牌，致使花掉大把的钱但得到的品牌效应只是昙花一现。所以，品牌管理的重点是品牌的维持。

[小贴士]

禁用兽药查询

食品动物中禁用的兽药及其他化合物、禁止在饲料和动物饮水中使用的药物、兽药停药期，都事关动物源性食品质量安全。农业部有明确要求，并以公告形式发布。可通过农业信息网查询。

第九章　农产品市场营销

第一节　获取农产品信息

随着信息技术的迅猛发展，农产品市场信息对农产品产销影响巨大。因此，提高广大农产品生产者对市场信息的获取能力，满足其对市场信息的需求，可推动农产品市场营销。

农民朋友可以将自己所有的关于农产品、农业生产资料的供应、需求信息公布到相关媒体上，以期得到相应的货源或销售渠道，这就是信息发布。

常用的信息发布渠道包括报纸、杂志、广播、电视、网络等。

目前，权威高的网站有：全国农产品批发市场价格信息网、12316农业综合信息服务平台、发发28农产品信息网（网址：http：//www.fafa28.com/）、农享网（网址：http://www.nx28.com/），这些网站都能免费注册发布供求信息，还可加入地方商圈、行业商圈，让你更快捷、更方便地做生意。

此外，一些更容易传播信息的发布手段如电子邮箱、QQ、聊天室、博客、微信、视频、网店等现代网络信息发布的形式越来越受到消费者的欢迎。

第二节　农产品产销组织的类型与作用

一、农民专业合作社

为了提高农产品市场竞争力，《农民专业合作社法》明确规定，农民专业合作社是在农村家庭承包经营基础上，同类农产品的生产经营者或者同类农业生产经营服务的提供者、利用者，自愿联合、民主管理的互助性组织。

农民专业合作社以其成员为主要服务对象，提供农业生产资料的购买，农产品的销售、加工、运输、贮藏以及与农业生产经营有关的技术、信息等服务。农民朋友可以通过加入合作社，解决买难卖难问题，降低农业生产成本，提高农产品的市场竞争力，增加收入。

二、农产品行业协会

农产品行业协会属于农业中介组织的范畴，是生产、加工、销售农产品的市场主体为了维护和增加共同利益而在自愿基础上组建的不以营利为目的的组织。它是联系农民、农业企业、市场和政府的桥梁和纽带，具有民间性、服务性、准企业性和准政府性的特征。其主要职能：农产品行业协会一方面代表本行业与政府和立法机构处好关系，疏通会员与政府之间、会员与金融机构之间的渠道。另一方面，为会员提供业务指导、技术培训、市场咨询、经验交流、促进销售等多功能服务，尽心尽力地帮助会员单位解决在经营管理中的难题，提高会员农产品的销售业绩。

三、农产品经纪人

农产品经纪人，是指专门从事农产品交易而收取佣金的组织或中间商人。其主要业务活动是为买方寻求卖方，为卖方寻求买方，通俗地讲就是为买卖双方牵线搭桥，促使供求双方完成交易的中介服务。他们一般不拥有农产品所有权，但由于我国农村市场经济发展的特殊性，有时也兼有农产品的集采和营销权。他们除了通过中介服务收取佣金外，还可以通过农产品购销差价获得利益，但不得从买卖当事人的任何一方领取固定的薪金。

四、农产品批发市场、产地市场和农业会展

（1）农产品批发市场。在我国，现有的农产品批发市场主要有：政府开办的农产品批发市场，这是指由地方政府与国家商务部共同出资，参照国外经验建立起来的农产品批发市场，如郑州小麦批发市场；自发形成的农产品批发市场，这是指由民办而形成的农产品批发市场，一般是在城乡集贸市场的基础上发展起来的，如山东寿光蔬菜批发市场；产地批发市场，这是指在农产品产地形成的批发市场，一般都具有农产品的生产技术、土质、气候、光照、水源等良好条件，适于农产品生长，生产的区位优势和比较效益明显，产出的农产品不是靠当地市场消化；销地批发市场，这是指在农产品销售地，农产品营销组织将集货再经批发环节，销往本地市场和零售商，以满足当地消费者的需求。

（2）产地市场。农产品在生产当地进行交易的买卖场所。又称农产品初级市场。农产品在产地市场聚集后，通过集散市场（批发环节）进入终点市场（城市零售环节）。我国农村集镇，大多就是农产品的产地市场。

产地市场大部分是在农村集贸市场的基础上发展而成的。在农村集贸市场上，商品从四周流入市场，同时又从市场流向四周地区，但交易规模小，市场辐射面小，产品销售区域也小。随着经济的发展，人们的收入水平不断提高，特别是随着城市居民收入的不断增加，市场需求迅速上升。广大农民的生产积极性持续高涨，农产品产量急剧增大。在此情况下，一方面是城市对农产品需求量增大，要求提高农产品的品质；另一方面，大量的农产品急需寻找销路，解决农产品买难卖难、流通不畅的社会问题。为此，政府出面开办农产品产地批发市场。一般来说，农产品产地市场都附有农产品整理、分级、加工机构，

将初级农产品进一步商品化以后输出。

（3）农业会展。农业会展是以农业和农产品贸易为主要内容，以会议、展览、展销、节庆活动等为主要形式，以一定的场馆设施和展示基地为基础，有各类市场经营主体和消费群体参加的经济文化活动。与一般会展活动相比，农业会展不仅具备引领现代农业、带动相关产业、拉动区域和会展城市经济社会全面发展的功能，还由于办展地域的广泛性和产品直接面向大众消费的特点，对拉动县域及农村经济的发展和满足城市消费者需求发挥着重要作用。农民朋友可利用这些渠道，根据自身需要，积极参加农业会展，为农产品找到更好的出路。

五、农超对接

农超对接模式中最基本的模式就是“超市+农民专业合作社”模式。专业合作社和超市是“农超对接”的主体，专业合作社同当地的农民合作，来帮助超市采购产品。专业合作社是实施农超对接的一个基本条件，正是由于专业合作社和大型超市的发展才使得“农民直采”的采购模式得以发展。除此之外，农超对接还有以下几种模式。

——“超市+基地/自有农场”

模式这种模式是指导超市直接走到地头去寻找农产品，建立自己的基地，相比较“超市+农民专业合作社”模式的主要优点是超市有了自己的基地，货源的数量和质量都得到了保证。即大型的连锁超市直接和农产品的专业合作社对接，建立农产品直接采购基地，实现大型连锁超市与鲜活农产品产地的农民或专业合作社产销对接。

——“超市+龙头企业+小型合作社+大型消费单位/社区”模式

这种模式的一个重要中介是龙头企业，农民合作社一方面组织农户进行规模化、标准化生产，另一方面又积极联络一些龙头企业，通过龙头企业对农产品进行加工、包装，把农产品的生产销售企业化，然后通过龙头企业和大型超市进行商量洽谈，最终把产品流转到消费者手中。

龙头企业成为超市和农户合作的一个重要纽带，这使得龙头企业和农户结成为一个利益的联合体。农民专业合作社成立的初衷就是把闲散的农户生产规模化，农民专业合作社的成立和农户有着密切的联系，农户对农民合作社比较熟悉、了解，所以接受程度上也比较快。龙头企业通过超市拓宽了农产品的销售渠道，并且龙头企业无论是在经济实力还是管理经验上都要优于农民专业合作社，这样在农超对接的实施过程中可以更好地与超市进行合作，为农民争取更多的利益。龙头企业一般是实行企业化运行，有着自己的一套农产品的生产标准和管理经验，更容易建立自己的品牌。一些大型的连锁超市还可以针对这些龙头企业进行专门的培训，使得产品达到国际化标准，更具有竞争力。

“农超对接”通过与高校食堂、大型饭店、宾馆的信息共享和利益共享机制，相互了解生产与交易情况，建立合作关系。农民增收关键在营销，胜负在市场，找到了好的营销方式和消费市场才能获得高效益，在有资金基础和政策支持下发展扩大农民专业合作社组织规模，农户应提高认识，加入到农民合作社中来，为小型合作社增添新的力量，使其规模发展，为将来与更大的销售终端合作建立稳定的基础。

[经典案例]

大商集团积极开展农超对接

大商集团城市生活广场是锦州市首家农超对接示范店。大商集团锦州百货大楼有限公司依托所属的千盛购物广场、大商超市（锦州店）、新玛特购物广场、锦华商场超市和太和超市5家大型超市，先后与辽宁燕邦农业有限公司、唐家蔬菜种植专业合作社、康达蔬菜专业合作社开展对接，建立了辽宁燕邦蔬菜生产基地、凌海建业乡蔬菜基地、北镇窟窿台康达蔬菜基地和北镇青堆子蛋禽基地等5个直采基地，促进了鲜活农产品的顺畅流通。

——“基地+配送中心+社区便利店”模式

这种模式主要是面对距离大型连锁超市比较远的一些消费者，以连锁社区便利店作为主导，通过建立农产品的配送中心，与农产品的生产基地或者和当地的农民合作社直接对接。这种模式流通速度特别快，农产品销售的质量和数量由配送中心进行统一管理。对于生鲜农产品构建加工物流一体化的物流中心，实现农产品的快速高效配送，减少流通环节，延展农产品流通半径。

六、社区直供

社区直供是介于“自种自销”和“农企对接”或“农超对接”的一种中间简单易物模式。它不经过任何中间商业媒介，操作模式类似于工业生产中的代工，即甲方下订单，乙方根据订单要求生产，产品由甲方收购。

第三节　农产品营销的价格策略

价格是农产品市场营销中重要的要素，它以农产品价值为基础，同时受到市场供求和市场环境影响，往往变化较大。农民兄弟要了解影响农产品定价的因素，同时要掌握一些实用的定价策略，做好农产品营销。

一、影响农产品定价的因素

（一）成本因素

在农产品价格构成中，成本是定价的基础，俗话说“不做赔本的买卖”，首先将“本”弄清楚。

农产品成本是农产品生产与销售环节的总支出，它等于固定成本与变动成本之和。其中固定成本是指农产品生产及营销过程中，相对于变动成本在一定时期和一定业务量范围内基本上不变的费用，如农业机械设备折旧、管理人员基本工资、保险费等；变动成本是指那些在一定范围内随着业务量的变动而发生变动的成本，例如购买农药、化肥等生产资料的费用。如果将总成本分摊到每个农产品上，就构成单位农产品平均耗费成本，称为农产品单位成本。

（二）供求因素

确定农产品价格除了保本之外，还必须了解市场需求和供给情况。一般来讲，了解农产品成本是为了确定农产品价格底线；了解供求关系，则是为了给出农产品一个合理的市场价格以便盈利。

（1）农产品需求。农产品需求是指消费者在既定的时间和地点，以适当的价格所购买的农产品的数量。从市场角度讲，这种需求又可分为现实需求和潜在需求。一般来讲，农产品需求越大，其价格越高，正所谓“物以稀为贵”，但价格攀升又限制了需求进一步扩大，最终导致供求平衡，形成均衡价格；而需求下降，也会导致价格下降。

当然，影响需求的因素有很多，一般包括：消费者偏好、消费者收入、该产品价格、替代品或互补品价格、消费者对该产品的价格预期等。

（2）农产品供给。农产品供给是指在一定时间、地点和市场价格下，市场可以销售的农产品数量。一般来讲，价格越高，意味着市场需求旺盛，有利可图，供给或愿意供给的数量就会越多；反之，价格越低，表示相对应的市场低迷，供给数量就越少。

另外，农产品供给受到气候等自然条件的影响比较明显，进而影响到农产品的季节性价格波动。

（三）竞争因素

除了农产品自身品质和市场供需关系外，市场竞争是影响农产品价格的关键性因素之一，特别是当农产品质量差不多时，价格竞争成为产品竞争的“利器”。例如，都是一级国光苹果，如果时间成本和路程成本可以忽略不计，那么谁的苹果单价便宜一些，消费者就愿买谁的，谁就可能赢得客户。

（四）政府价格管制

农产品价格关系到农产品生产、农产品供给、农产品原材料供给、农产品加工以及消费者的日常生活，具有稳定社会的意义。如果农产品涨价过高，会带来一系列经济和社会问题，会造成社会的不安定情绪，因此，农产品价格往往受到政府的管制。

我国《中共中央关于改进农产品价格管理的若干规定》中规定：农产品价格管理实行政府定价、政府指导价和市场调节价 3 种形式。政府定价是指政府有关部门（如价格主管部门）依照价格法规定，按照定价权限和范围制定的价格。往往涉及与国计民生关系重大、带有战略性质的农产品，如粮食、饲料、棉花等大宗农产品。政府指导价是指依照《中华人民共和国价格法》规定，由政府价格主管部门或者其他有关部门，按照定价权限和范围规定基准价及其浮动幅度，指导经营者制定的价格。政府指导价的范围一般涉及重要农产品。市场调节价是指由经营者自主制定，通过市场竞争形成的价格，政府可以通过经营手段实施间接影响。

二、实用定价策略

农产品生产经营者为其产品定出基本价格后，在营销过程中还需要根据市场的供求状况、交易条件、竞争对手情况等因素的变化，及时调整产品价格，掌握营销的主动权。

（一）价格折扣与折让

折扣即打折，是为了刺激或报答顾客的某些行为，如预先付款、批量购买、淡季购买等，营销者通常要对基本价格作适当的调整，实行折扣与折让价格，即让利给顾客。常见的折扣与折让方式如下。

（1）现金折扣。这种方式是对那些及时付清账款的购买者的一种价格折扣。有一种折扣方式称为“1/10，信用净期 20”，其意思是购买者应在 20 天内付清货款，但如果在交货后 10 天内提前付清的话，则可打 1%的折扣。这种折扣不是对某固定的客户，而是保证给所有符合条件的客户。这样的折扣在许多行业已成惯例，有助于改善销售商品的现金周转，减少赊欠和坏账损失。

（2）数量折扣。这种方式是销售商因买方购买量大而给予的一种折扣。例如，购买 10 千克以内的苹果，每千克价格为 2 元；购买 10 千克以上，则每千克 1.8 元。同样，数量折扣也必须是给全部的顾客，但是折扣额不能超过销售者大量销售所节省的销售、贮存和运输等成本。数量折扣的好处是可激励顾客从自己手中购买更多的产品。

（3）季节折扣。这种方式是对在淡季购买产品的顾客降低价格，以维持均衡生产经营。

（4）功能折扣。又称贸易折扣，是生产者和加工商根据中间商的不同类型和不同的分销渠道提供的不同服务给予不同的折扣。但是，生产、加工商必须在每一交易渠道中提供相同的功能折扣。

(5) 折让。这种方式是根据价目表给顾客的价格折扣的另一种形式。这是卖方为了报答经销商支持销售活动所支付的款项或给予的价格折让。如在水果的营销中，卖方常给经销商一定的折让，以答谢这些经销商销售本公司水果所付出的劳动。

(二) 差别定价

差别定价是根据交易对象、交易时间、交易地点等的不同，对某一种产品制定出两种或两种以上不同的价格，以满足顾客的不同需要，从而达到扩大销售、增加收益的目的。差别定价法的形式主要有以下几种。

(1) 顾客不同，定价不同。这种方式是对不同的顾客采取不同的价格。如农业生态游，对本地居民和外地旅游者实行不同的门票价格；即使是本地旅游者，也有政府部门与非政府部门之分。这主要是因为政府部门经常会将所接待的客人带至生态旅游区，客源稳定充足。

(2) 种类不同，定价不同。这种定价方式是对不同花色样式的产品制定不同的价格。如同样的皮蛋，散装每枚 0.35~0.45 元；袋装并印上商标、厂址等简包装，每枚可卖到 0.50~0.60 元；4 枚或 8 枚纸盒简包装，每枚可卖到 0.60~0.70 元；50 枚精包装，可卖 120~150 元，每枚高达 2.40~3.00 元。

(3) 形象不同，定价不同。有些生产经营者根据不同的形象给同一种产品定出不同的价格。例如，果汁生产商将其所生产的同种果汁装入不同造型的瓶子，分别给予命名，并制定不同的价格。

(4) 部位不同，定价不同。这种定价方式是对产品的不同部分制定出不同的价格，即使这些部位成本是一样的。通常是根据消费者的喜好来定，往往消费者喜好比例高的部位定价高一些。如鸡的翅膀、大腿、鸡胸、鸡头、鸡爪、鸡脖，不同的部位其价格也不同。

（5）时间不同，定价不同。在这种定价方式下，不同季节、不同日期、甚至在同一天的不同时间，同种产品可以有不同的价格。在鲜活农产品销售中，经常采用这种定价方式。如草莓定价，早上价格最贵，因为早上刚上市，外观、口感都好；晚上价格要便宜些，因为放了一天之后，口感下降，品相也变差，如不降价销售，有滞销的风险。

（三）促销定价

贪图便宜是许多消费者的一种潜在心理状态，“一个便宜，三个爱”。营销者抓住这种心理，常将要出售的产品以低价招徕顾客。通常利用节假日和换季时节进行所谓的“优惠酬宾大减价”和“买一送一”活动，把部分产品按原价打折售出，以促进销售。促销定价常采用以下方法。

（1）牺牲品定价。超级市场和粮油副食商店以少数品种作为牺牲品，将其价格定低，以吸引顾客进店，并希望这些顾客在购买“牺牲品”的同时，也购买其他正常标价的商品。

（2）特别事件定价。销售者在某些特定的时间、场合、节日或社会活动日，将某些商品价格做较大幅度下调，以吸引大量的顾客。如在端午节，一些超市就将粽子降价销售。

（四）心理定价

心理定价就是在制定价格时，根据不同类型消费者的购买心理来制定价格。

如尾数定价，就是对产品的定价不取整数，保留或有意制造尾数，这是因为保留尾数可以降低一位数价格，给人一种“便宜”的心里感觉。例如500克猪肉的价格定为9.9元，而不是10元。

再如习惯定价，对许多日用品，如大米、食用油，由于消费者经常购买，在一段时期内形成了一种习惯价格。销售这类商品宜按照习惯定价，不能频繁而又大幅度地变动价格，否则，会引起消费者的不满。

第四节　农产品营销新模式

一、网络营销居家卖产品

农产品网络营销已经成为新潮流。农户可以在自家的电脑上展示自己生产的农产品，也可以用电脑上网查询农产品市场供求信息、进行农产品技术咨询等，极大地提高了农产品销售的可能性，扩大了销售范围。但是学会如何在网上营销，需要学习一些知识和技巧。

（1）利用网站发布产品信息。注册成为各大网站的会员。无论是综合性网站，还是行业网站，通常都提供会员注册服务。农产品经纪人或个体农户在进行产品发布时要在专业网站上注册成为该网站会员。

中国农业网为“农商通”会员提供的增值服务，网站重点推出“农商通”会员产品折扣模块，“农商通”会员可通过“会员办公室添加产品”的同时填写产品价格和折扣，让你的产品在同类产品中脱颖而出，吸引买家关注，获得更多交易机会。

[小贴士]

注册会员注意事项

注册会员必须使用真实身份信息、电话、姓名和银行卡一致的信息资料注册，一个身份证只能申请一个账户，信息虚假或证名不对应等用户自身因素的，取消支付所有奖励。

（2）利用博客发布产品信息。博客营销是新推出的一种网络营销方式。博客一词是由英文单词“weblog”（简称 blog）翻译而来，原文意义是网络日志或网络日记。

每一个用户都可以在知名网站注册一个博客，然后每天更新自己的信息。农产品交易中，企业可以利用每天更新的内容跟客户进行交流，例如发布价格信息、新产品图片、产品介绍、生产指导、会员办理及加盟信息等。

（3）邮件营销。邮件营销是指前期收集目标市场所有顾客的电子邮件地址，然后群发自己的产品信息给这些目标客户，如果能把握好所有邮件都是准客户，一年发一至两次经精心编排的产品资料及报价表出去，还是有一定的作用的。

二、家庭农庄引来八方客

家庭农庄，使游人充分地融入自然之中，体味躬耕山野的感受。家庭农庄的雏形来自于乡村旅游，将特有的乡村景观、民风民俗等融为一体，因而具有鲜明的乡土烙印。同时，它也是人们旅游需求多样化、闲暇时间不断增多、生活水平逐渐提高和“文明病”“城市病”加剧的必然产物，是旅游项目从观光层次向较高的度假休闲层次转化的典型例子。

一个家庭组建一个农庄，也可让游客体验农家日常生活的点点滴滴，别有一番意趣。家庭农庄可根据其功能进行分区设计，如自种区、认养区、采摘区、观光区、餐饮区等。种植蔬菜可多种多样，也可根据顾客的要求种植蔬菜，满足顾客的采摘要求。顾客既可以亲自种植，体验农事活动，也可由庄主帮助管理。既提供餐饮服务，也提供送菜服务。

［经典案例］

安吉首个家庭农庄开园

乐一村家庭农庄是安吉首家以连锁经营模式运行的，以都市家庭为单位，可在农庄内认养土地，种植瓜果蔬菜以供应自家餐桌。在占地2 000平方米的金手指果蔬基地内，可以种植葡萄、西瓜、甜瓜、草莓、番茄、黄瓜、辣椒等十几种果蔬。乐一村农庄负责人说，如果“村民”周末没有时间去农庄打理菜园，也可以通过网络及时了解果蔬长势，同时基地工作人员会帮忙照料果蔬直到成熟。

一个家庭一般可认养大约50平方米的土地。农场基本按照自然农耕法种植应季蔬菜，“村民”可种植农场提供的优良蔬菜品种，也可自主种植所需蔬菜。这里主要施用农家肥，不用化肥和农药。很受都市居民欢迎。

三、农事节庆喜上添新喜

农事节庆是举办主体以本地农业相关资源为依托，以提高区域知名度、宣传当地特色农产品、促进当地农业及相关产业发展为目的，主动地创造事件或利用传统节庆，周期性举行的大型集会、庆典或仪式等的一系列活动。

[经典案例]

章丘靠农事节庆活动发家致富

章丘市普集镇举办樱桃采摘节，引起济南和淄博等地市民的关注。采摘节启动以来，游客络绎不绝，人们到此爬山、采山果等，接待游客达万人，樱桃收入翻了一番，并带动了其他生态农产品的销售和服务业的发展。

以后，章丘相继举办了百脉泉生态农业草莓、高官寨甜瓜、赵八洞香椿、黄河西瓜、刁镇大樱桃等农事节庆采摘活动，与百脉泉、朱家峪等景区的旅游活动相辅相成，初步建成了济南东部重要都市农业观光区，兴旺了该市的旅游市场，近百万人次到章丘近郊游览。农民在家就能轻松赚钱，市民在采摘中还体验了田园美景，章丘的品牌农业与现代农业，为农民与市民带来了实惠。

第三篇　农业生态环境与美丽乡村建设

生态环境是影响人类生存与发展的土地资源、水资源、气候资源及生物资源数量与质量的总称。生态环境是一切生产的首要条件。没有生态环境，就没有食物。没有食物，人类就无法生存。生态环境是人类的生存之本、衣食之源，是农业生产的物质与能量来源，是农业生产物质与能源循环的载体。

第十章　现代农业与生态环境依存关系

第一节　生态农业、现代农业及有机农业

一、生态农业与现代农业

现代农业是与传统农业相对应的一种农业形态，是以要素配置市场化、生产手段科技化、经营管理一体化、资源产出高效化、生态环境持续化为主要标志的，能够满足人类食物需要的发达农业。

二、生态农业与有机农业

一般说来，狭义的生态农业是指充分利用农业资源循环再生的原理，合理安排物质在系统内部的循环利用和重复利用，来代替石油能源或减少石油能源的消耗，以尽可能少的投入，

生产更多的产品，是一种高效优质农业。这种农业从经济的角度看，节约了原料和燃料，从环境的角度看，减少了污染物排放，减轻了污染。而有机农业则是指完全不用人工合成的化肥、农药、生长调节剂及饲料添加剂的农业生产方式，它尽量依靠轮作、作物秸秆还田、种植绿肥、机械中耕、施入家畜粪尿、外来的有机废弃物、含有无机养分的矿石及生物防治等方法，保持土壤的肥力和易耕性，供给作物养分，在防治病虫杂草危害的同时，避免对环境及农作物本身的危害。因此，生态农业与有机农业是两种有着不同侧重的农业生产发展方式。

第二节　农业生态平衡与保护

一、走生态文明的现代农业之路

我国农业的未来应该是走一条资源节约型、生态环境友好型的现代化农业道路。生态农业是现代农业的发展方向，是人们发展农业生产的一种优化模式，其最终目的是增加农业产量和经济收入，从一定意义上来讲，生态效益就是长远的经济效益；社会效益就是广泛的经济效益。在生态农业的模式中，要求经济效益、生态效益和社会效益的高度发挥，同时，要求三者之间相互协调一致。

（一）坚持资源的节约与利用

要转变农业发展方式，改变过去那种高投入、高能耗的发展模式，充分合理利用水、土、温、光和生物资源，提高资源利用效率，实现资源的优化配置；通过种养加、产供销，把农村劳动力资源予以充分利用；努力提高农产品的商品率，为社会提供无污染、安全、优质营养的生态食品。

（二）创造良好的生态环境

坚持生态文明理念，利用物质与能量在农业生态系统中多途径、多层次的转化，保护生态平衡。扩大绿色植被覆盖率，保持和改善生态环境。利用农作物的生态补偿作用减少农药的用量，采用物种或品种轮换种植的方法，结合外地品种的调配，利用轮作和覆盖种植，注意利用天敌防治害虫，有效地减少化肥和农药的用量，减轻环境污染，并且生产出无污染、无公害、有益健康的绿色产品。

（三）运用先进的农业科技和现代管理手段

全面规划、总体协调、良性循环，发展无废弃物、无污染、集约、高产、优质、高效农业，建立人类生存和自然环境间相互协调、相互增益的经济、生态、社会三效益协调发展的现代化农业体系。

（四）为人类提供丰富健康的农产品

坚持生态原理，通过合理调控农业系统资源，充分发挥光、温、水、气、肥、土壤等自然资源的作用，在农田中间实行间作、套种、混播、多层种植、立体养殖等技术，做到阴阳搭配、深浅根系搭配、前后茬搭配。合理地组装成多物种、多层次、多功能的立体生产结构，使社会既能持续取得丰富的农产品，又能改善生态环境质量，达到稳定增长、持续发展、动态平衡的目标。

二、资源的利用及保护

（一）转变农业发展方式：合理开发农业资源

面对人多地少水缺的现实，应对资源环境约束，实现农业现代化，必须转变农业发展方式。只有加快推进农业发展方式转变，才能不断破解农业发展面临的矛盾和难题，提升农业产业的质量、效益和竞争力，为国民经济平稳较快发展提供强力支撑。

（二）人多地少水缺：我们的农业资源不丰富

据全国第六次人口普查数据统计，全国总人口达到 13.7 亿人。然而，我国耕地资源却逐年减少，人均耕地减少到约 1.4 亩。由于人口分布不平衡，有 1/3 的省区市人均耕地不足 1 亩，有 666 个县低于联合国确立的人均耕地 0.8 亩的警戒线，463 个县低于人均耕地 0.5 亩的危险线。水资源短缺且时空分布不均，限制了农产品产量的进一步增加。我国人均占有水资源量为 2 200立方米左右，只有世界人均水平的 1/4，被列为 13 个贫水国家之一。全国各流域水资源状况南方和北方差异巨大，北方耕地面积占全国的 59.6%，人口占 44.3%，而水资源量仅占 14.5%；84%的水资源量集中在人口占 53.6%、耕地占 34.7%的南方地区。随着中国经济的快速增长，其他行业对于耕地资源和水资源的竞争也越来越激烈，尤其是工业用水和生活用水将大大占用农业用水。

（三）构建农业生态系统：农业资源的循环利用

构建农业生态系统，大力发展循环农业，通过农业生态系统内部各种农业资源往复多层与高效流动的活动，使农业经济活动按照“投入品→产出品→废弃物→再生产→新产出品”的反馈式流程组织运行，实现节能减排与增收的目的，促进现代农业和农村的可持续发展。循环农业就是运用物质循环再生原理和物质多层次利用技术，实现较少废弃物的生产和提高资源利用效率的农业生产方式。循环农业作为一种环境友好型农作方式，具有较好的社会效益、经济效益和生态效益。只有不断输入技术、信息、资金，使之成为充满活力的系统工程，才能更好地推进农村资源循环利用和现代农业持续发展。

（四）农业生态环境的平衡和失衡

在一个生态系统中，生物与生物之间、生物与物理环境之间，互相依存，互相制约，在一定时间内保持相对的协调和稳定状态，就是生态平衡。在农业生产中，保持农业生态平衡，就是要安排好大农业内部各部门之间的关系以及农业生物与农业环境之间的关系，使整个系统的物质循环和能量交流畅通，输入和输出基本保持平衡。只有处于平衡状态的农业生态系统，其生物种群的个体较多，生物量最大，生产力最高。因此，应使农业生产在一定时间内维持生物种类、数量与自然环境和人工投入之间的相对平衡，取得高产、优质、高效的生产目标，同时也可促进生态环境向良性化方向发展。

农业生态系统的平衡是相对的，人们总是采取各种措施打破旧的平衡，建立新的平衡，使之对人类更有利。如改良低产田、应用新的高产品种、采用新的技术措施等，都是为了提高农业生态系统的生产力。这叫做生态的良性循环。反之，由于农业环境条件的严重恶化，或人们采取的农业措施不当，对农业生产系统造成了破坏，使得农业生态系统向着不利于人类的方面变化，这就破坏了生态平衡，或称为生态失调，也称生态的恶性循环。

由于农业生产的目的是为人类提供食物和生产生活资料，同时受生态规律和经济规律制约，追求生态效益和经济效益的平衡是农业生产持续发展的目标。因此，随着人类的社会进步和经济发展，农业生态系统会不断打破旧的平衡。在这一过程中，要充分注重生态和经济的统一，在追求经济效益的同时应充分重视生态效益，在相对平衡中不断向前发展。

（五）积极采用农业生态环境保护技术

我国主要推广的生态农业技术如下。

1. 立体生产技术

立体生产技术是指在农业生产中，利用生物群落各层生物的不同生态位特性及互利共生关系，分层利用自然资源，以达到充分利用空间、提高生态系统光能利用率和土地生产力、增加物质生产的目的。这是一个在空间上多层次、在时间上多序列的产业结构。种植业中的间混套作、稻鱼（蟹）共生、经济林中乔灌草结合以及池塘水体中的立体多层次放养等均属于立体生产技术的应用。

2. 引入新品种，充实生态位技术

近年来，我国农村一般的作物种子趋于老化、退化。因此，本来适宜的生态位，由强转弱，只有不断更换适宜的品种，充实到各种生态位去，才能提高系统生产力。充实生态位就是把生物工程与生态工程相结合，利用优良种子资源并通过生物技术手段选出基因，优化组合新品种，再配置各自合适的生态位。这一技术有利于生产力成倍的提高。

3. 综合生态工程技术

综合生态工程技术是指在一定区域内，调整种、养、加的产业结构，使农林牧副渔各业合理规划、全面发展。它是农林牧副渔一体化，种植、养殖、加工相结合的配套综合生态工程技术。它要求根据各地自然资源的特点，发展资源优势，以一种产业为主，带动其他产业的发展，对农村环境进行综合治理，这是当前我国生态农业建设中最重要也是最多的一种技术类型。

4. 病虫害综合防治技术

病虫害综合防治技术包括生物防治在内的病虫害综合防治技术，具有保护生物多样性及改善环境的特点。目前我国的作物主要采用抗病虫品种，利用天敌昆虫防治某些病虫害，实施病虫害发生预测预报，选择高效、低毒、低残留农药，改进施药技术，实行轮作倒茬等，保证农作物的优质、高产和安全。

5. 发展节水农业

节水农业是指在加强管理、保护水质、防止污染的基础上，科学用水、节约用水的技术。世界性水资源的严重匮缺并日益减少，必须发展节水农业技术，提高用水效率。在未来农业中，地面灌溉（沟灌和畦灌）仍将占有很大比重，因为这种方法简便、投资小。随着科学技术的进步，管道灌溉技术将有快速的发展。在地下铺设塑膜软管（或塑料硬管、混凝土管、陶瓷管等），管子一端连接水泵出水口，置入田间，用机器调动移动管口，边浇边退，根据农作物需水规律，适时适量灌溉，减少地面蒸发和渗漏损失，输水有效利用率达95%，节约用地2%~3%，节省能耗50%，提高灌水效率，缩短了轮灌期，便于机耕，方便交通。喷灌、滴灌和雾灌是新兴的有广阔前景的农田灌溉技术。

6. 微生物生态技术

微生物生态技术包括利用微生物农药、农用抗生剂防治作物和畜禽、水产病虫害，利用微生物发酵水产蛋白饲料等。

7. 农村能源开发技术

近年来，不少农村利用人畜禽粪便、作物秸秆等农业废弃物进行沼气发酵，发展秸秆气化，利用太阳能热水器、太阳灶、节柴灶、微型风力发电等，对扭转农村能源紧缺所引起的生态环境恶化趋势、实现良性循环起到了很好的作用。因此，积极开辟新能源，解决农村能源问题，提高农业生态系统中能量流动与资源的合理开发利用，促进良性循环，是生态农业建设的一个重要内容。

8. 有机物多层次利用技术

有机物多层次利用技术是模拟生态系统中的食物链结构，在生态系统中形成物质良性循环多级利用的状态，即一个系统废弃物的产出是另一个系统的投入，废弃物在生产过程中得到再次或多次利用，使系统内形成稳定的物质良性循环状态。这样可以充分利用自然资源，获得最大的经济效益。例如，在一些生态农场，鸡的粪便喂鱼（或进入沼气池），鱼塘的泥（或制沼气的废弃物）用于农作物的肥料，农作物的产品又是鸡、鱼的饲料，如此形成良性的物质循环。

第十一章　人类活动对农业生态环境产生的影响

人类为了保障自身需要而不断追求增加农产品产量。在农业生产过程中研究开发技术和设备，利用各种手段与措施改良土壤和营造人工生态环境，提高单位面积农产品产量。针对贫瘠土壤增加使用有机肥料、深耕深施肥料、种植绿肥等；在坡地通过建设梯田、增加耕作层土壤厚度、建造温室大棚，实现土地四季利用等。人类在营造农业生产环境和土壤改造方面起着非常关键的作用。

第一节　改变环境

我国农业生态环境可以大致分为原始、古代、近代和现代四个阶段。从原始阶段的刀耕火种、广种薄收、生产力低下，发展到了古代阶段的农耕为主、精耕细作、生产力提升，在经历了近代阶段的天灾战乱、流离失所、耕地破坏之后，近代阶段发展到了规模商品农业生产、现代化不断进步、科技教育不断繁荣。

农业生态环境是指由与农业生产密切相关的，直接影响农业生产的自然环境因素和社会经济因素所组成的，具有特殊结构和功能的自然社会经济系统。农业自然环境子系统由光、热、水、土、气、生物等因子构成，它为农业生产提供了最基本的生产条件，自然环境的优劣直接影响着农业自然生产力的大小。农业社会经济子系统由农业水利化程度、农业技术水平、农业机械化程度、农作物品种、农业政策、社会需求等因子构成，它从一个侧面反映了人类利用和改造自然的程度，其状况决定了农业经济生产力的高低。

第二节　改善设施

设施农业是在环境相对可控条件下，采用工程技术手段，利用人工建造的设施，使传统农业逐步摆脱自然的束缚，进行动植物高效生产的一种现代农业方式。

设施农业涵盖设施种植与设施养殖等。我国设施农业已经成为世界上最大面积利用太阳能的工程，绝对数量优势使我国设施农业进入由量变向质变的转化期，技术水平越来越接近世界先进水平。设施栽培是露天种植产量的 3.5 倍，我国人均耕地面积仅占世界人均耕地面积的 40%，发展设施农业是解决我国人多地少最有效的技术工程。设施农业已经成为现代农业的重点发展方向之一，是走向现代工厂化农业、环境安全型农业生产、无毒农业的必由之路，同时也是打破传统农业的季节性，实现农产品的反季节上市，进一步满足多元化、多层次消费需求的有效方法。

第三节　改良土壤

土壤是植物生长的基础，是农业生产的根本。与农业发展史相对应，原始刀耕火种、古代精耕细作、近代石化革命和现代可持续发展农业等不同阶段，我国农田土壤具有从原始简单耕作、古代大量有机肥施用到近代大量化学品投入和现代的精准土壤管理等不同特点。人类能够针对土壤的不良性状和障碍因素，采取相应的物理或化学措施，改善土壤性状，提高土壤肥力，增加作物产量，达到改善人类生存土壤环境的目的。

第四节 农药与减损

农药是现代农业生产的基本资料，是减少农作物损失的有力保障。农药作为防治病虫草害、保护作物的重要手段，在提高农业综合生产能力、促进粮棉油稳定增产等方面发挥着重要作用，在林业和非农业各个领域也有十分广泛的应用。

一、农药应得到更合理科学地开发与利用

农药作为重要的农业生产资料，是一把双刃剑。一方面如能科学合理使用，则对保障粮食增产和农民增收起着不可替代的作用；另一方面如使用不当，则会导致农产品农药残留超标、破坏生态环境，给人类身体健康带来隐患。开发推广高效、低毒、环境友好型新农药，淘汰高毒农药，研制水基性剂型，应用精准施药器械，普及农药使用基础知识等是农药未来发展的大势所趋。

二、农药对于农业增产、农民增收起到了巨大作用

施用化学农药能有效控制作物病、虫、草害，全世界每年可挽回农作物总产量损失30%~40%，挽回经济损失3 000亿美元。据世界卫生组织（WHO）的一份报告称：农药每投入1元钱用于防治害物，就可以挽回4~5元钱甚至10元钱的损失。如果没有人类对于害物的直接防治，每年全球作物的损失将增加70%，每年经济损失将达到5 250亿美元。更为严重的后果是粮食产量供给不足。我国有关统计表明，通过施用农药，每年可挽回粮食损失4 800万吨、棉花180万吨、蔬菜5 800万吨、水果620万吨，总价值在550亿元左右。近年来，许多高效、低毒、低残留新农药使用的投入产出比已高达1：10以上，一般农药品种的投入产出比也达1：4以上。

三、农药有助于缓解耕地资源紧张的压力

面对人口持续增长、耕地面积逐步减少、资源环境约束不断趋紧、异常气候频发等多种因素，确保粮食安全和有效供给及粮食价格的稳定面临着严峻挑战。增加粮食产量，确保口粮安全，就必须要提高粮食单位面积产量，必须依靠品种改良、栽培技术提高、水源保证、中低产田改良以及农机、化肥、农药、农膜等外部投入品增加。推广应用农药，能减少由于病、虫、草、鼠等造成的占总产量30%的损失，是最现实、最可行的措施之一。

第五节　化肥与增产

化肥是农业生产的物质基础，是粮食增产的主要投入品。根据我国化肥试验网的大量试验结果，施用化肥可提高水稻、玉米、棉花单产40%~50%，小麦、油菜等越冬作物单产50%~60%，大豆单产近20%。世界各国的经验证明，施肥尤其是施用化肥，不论在发达国家或发展中国家都是最快、最有效、最重要的增产措施。

一、改善农产品质量，提升人民健康水平

合理施用化肥改善作物品质，肥料养分对品质的调控主要表现在营养元素的生理功能上，首先是影响与该元素有关的品质成分含量。如施氮肥可调控与作物品质有关的含氮化合物、蛋白质、必需氨基酸和环氮化合物；施磷肥可提高作物品质成分正磷酸盐、磷脂、植酸、磷蛋白、核蛋白等含磷化合物含量。施肥的养分还可以促进其他营养品质的形成，如适量施钾肥可明显提高蔬菜、水果中糖分、维生素C含量，抑制单施氮肥的不良效应。

二、大幅度提高农产品产量，解决了人民温饱问题

随着化肥使用量的增加，我国粮食总产量也不断提高，粮食总量的稳步增长，一方面从根本上解决了人民的吃饭问题，大幅度降低了我国贫困人口数量；另一方面粮食产品的增加也促进我国畜牧业、农产品加工业等相关产业的进一步发展，大大提高人民生活水平。

三、提高耕地质量，不断增强农业可持续发展能力

农业生产是一个物质转化和能量循环的过程，同时人们需要从系统中不断获取产品，将各种养分带出系统。随着世界人口的增长和生活水平不断提高，从农业系统带出的产品量将不断增加，若要维持系统生产的可持续性，需要向系统投入一定比例的化学物质予以平衡，必须从农业系统外投入物质和能量，扩大物质循环和能量转化的强度，才能实现农业的持续增产。因此化肥是集约化可持续发展农业不可或缺的生产资料，关键是提高投入效率，降低由此引起的副作用。

第六节　农机与增效

农业机械化是农业现代化的中心环节，是现代农业的一个基本特征，是实现生产力“质”的飞跃的根本保障，凝聚着现代科学技术的最新成果。对抵御自然灾害、利用资源、推广现代农业技术、促进农业集约经营、增加单产与总产、提高农业劳动生产率、降低农产品成本及减轻繁重体力劳动都发挥着重大的作用。

根据全国农机推广中心的统计，全国农业机械总动力达 9.77 亿千瓦，同比增长 5.34%，连续 4 年增幅超 5%。农业机械原值达 7 114.64 亿元，同比增长 10.32%。拖拉机拥有量达

2 255.87万台。全国农作物耕种收综合机械化水平达 54.82%，其中小麦耕种收综合机械化水平达 92.62%，基本实现了生产全过程机械化；水稻机械种植水平和机收水平分别达 26.24%、69.32%；玉米机收水平达 33.59%。全国农机化作业服务组织合作社达 17.06 万个，农机专业合作社达 2.78 万个。我国在农业机械化装备水平、农田作业机械化水平、农机服务领域等都取得了长足的进步。

第十二章　美丽乡村的布局

第一节　构建美丽乡村

一、精美布局乡村

美丽乡村的布局美不是简单地植树种花，不是简单地建设气派高大的门墙。乡村布局美的表现主要有以下几个方面：首先，从整体上看，乡村居民建筑与农田、河流等乡村自然景观要融为一体，交相辉映，达到人在村中、村在景中、景在画中的意境。其次，对村民居住用地、农业生产用地、工业用地等进行合理布局，整治空心村，减少土地浪费。最后，美丽乡村布局要实现生态化，要建设节约型、循环型、环境友好型村庄。

（一）乡村各景观和谐共生

乡村景观是在乡土环境中生成、发展起来的，有着深厚的地域文化内涵，是地域自然环境、气候、经济、文化、技术和宗法礼制共同作用的产物。乡村景观是由住宅地、耕地、山林、河流、道路等组成。住宅与耕地、林地之间，住宅之间，道路、水系与住宅之间如何布局都直接影响到乡村景观。现在，除了自然环境对乡村景观的影响外，人文环境对乡村景观的影响越来越大。发挥主观能动性使乡村各景观和谐共生，是美丽乡村建设必须解决的问题。

目前，乡村景观正在从传统型向现代型转变，如果它是一种自然态演变，那么在外界输入的信息和能量相对稳定的情况下，会遵循着一定的自组织演变规律，会形成一种有机更新。然而，在转型过程中，有些乡村表现出一种“突变”，一种由此到彼的僵硬转型。转型中对城市景观及建筑的盲目崇拜而忘记了自我的生活、生产以及文化规律特点，只是简单地接受现代化元素，搞得乡村不像乡村，城市不像城市，乡村浓厚的乡土味道、乡村的个性被丢弃。未来的美丽乡村，不能机械地接受现代化元素，应该从传统村落中汲取某些营养而融入现代乡村内，形成具有传统特点的现代乡村。乡村转型不是一蹴而就的，而应遵循循序渐进、动态弹性转型发展原则，切忌不可冒进，不可崇洋媚外，实行简单的“拿来主义”。

（二）优化乡村空间布局，节约集约用地

从宏观上看，综合人口、经济、地质灾害等因素，对乡村的空间布局进行调整。“满天星”“天女散花”式的居民点格局，使村貌杂乱无序，凌乱的布局不仅浪费了大量的土地，而且增加了居民点内部基础设施的建设难度。为了村民的生活更加舒适，更加集约地利用土地，将乡村分为禁止发展村、限制发展村、重点发展村和优先发展村。地理位置偏僻、交通不便、人口较少的山区乡村，正面临萎缩，有些地区出现空壳化现象，这类乡村就应禁止发展。对于有一定的人口规模、简单的基础设施和公共服务设施、土地集约化程度不高的基层村，应严格限制其发展扩大。对于距离镇驻地或城市有一定距离，基础设施较完善，对周围村落可以提供服务功能的中心村，要重点发展。镇驻地所在的村庄或城市周围地区的乡村，它们是促进城乡一体化发展的前沿阵地，应优先发展。

从微观上看，政府在对乡村空间进行布局规划时，往往采用“一刀切”的农村空间布局模式，没有注意到乡村之间的差别，有时只注重了居住空间的规划却忽略了其他空间的安排，我们还应关注农村产业及乡村配套设施等空间的建设。近年来，伴随着农村经济的不断发展和对 GDP 的不断追求，各类村级工业区、旅游度假区盲目扩建且布局零散，较低的投资准入门槛刺激了农村建设用地的无序蔓延，不仅导致了农村耕地资源的大量浪费，而且造成了农村自然生态环境的破坏。合理的产业布局必须考虑环境承载力的限度，以及最基本的环保布局要求，如污染严重的工厂要分布于最小风频的上风向、河流的下游等。合理的产业布局还可以使相关的产业集聚分布，达到良性的物质循环和能量流动，有时一个产业主体的废弃物正好可以作为另一个产业主体的原材料。

（三）空心村的空间整治

中国大规模的乡村人口流出造成了村庄的凋敝和空心化。乡村空心化造成了农村空间布局的分散性、景观格局的无序性、土地利用的低效性、环境恶化，严重地影响了乡村的整体形象。

空心化整治是一项复杂的工程，要进行空心化整治，首先要建立村庄用地管理、土地复垦、建设用地配置调控的信息管理和决策支持系统。有了理论的指导，才能更好地实践，空心化整治应以区位理论、中心地理论、点—轴系统理论等为指导，深入剖析城镇化进程中空心村演进的时空分异规律及其动力机制，利用数学模型与 GIS 等手段，对不同类型区空心村及其地理区位、资源环境、经济社会发展关系进行实证分析，遵循农业高效化、土地集约化、城乡等值化、人居环境生态化原则，从宏观、中观和微观 3 个层次对不同类型区的空心化村庄提出不同的整治措施。

（四）生态性原则

乡村生活排污和乡村企业造成的污染与乡村布局和规划关系密切。聚落点分散的村庄，由于没有污水处理设施，污水被任意排放到作为饮用水水源的河流，且通过渗透造成地下水污染；乡村企业布局很乱，没有考虑河流、风向等因素，又无任何污染处理设备，同样造成巨大污染。合理布局会使乡村各系统发挥自己的最大功用，而且使各系统之和发挥出“1+1>2”的功用。如北京沈家营以“用垃圾装点村庄”为理念，用废旧瓦块和瓷片拼凑成标语、易拉罐做灯笼、废旧轮胎做路边花盆、塑料瓶盖做壁画。垃圾这一被“放错地方”的资源得到了二次利用，且美化了乡村。

西北的窑洞就是一种纯粹的绿色建筑，低能耗、低污染、冬暖夏凉、环境宜人。窑洞充分利用了黄土的直立性，就地取材，对环境破坏较小，其特有的纹理质感和天然色彩均能满足人们返璞归真、回归自然和与大自然融合的心理要求。但在追求现代化建筑过程中，窑洞被人们渐渐遗弃。

二、创造和美生活

俗话说，农为邦本，本固邦宁。我国是一个农业大国，即使到了21世纪中叶，城市化水平达到70%，16亿人口中仍将有近5亿在乡村。就广大的乡村而言，致富的道路上还要依赖农业发展，但必须改变传统的农业生产。因为传统的农业生产方式生产效率不高，我国目前需要进口的农业产品正在逐年增加，外来不稳定的因素都会影响到国家的粮食安全，未来的出路和农业发展的趋势必将是现代农业。

现代农业是规模化、产业化、标准化、生态化、安全化与科技化的农业，是以市场为导向，广泛地应用现代科学技术、现代工业装备、现代市场理念以及现代管理方法，充分合理利用资源环境，完成各种农业要素的最优组合，最终实现经济、社会、生态综合效益最佳的新型农业。现代农业使生产、加工和销售有机结合，产前、产中和产后有机结合，生产、生活和生态有机结合，不仅能提高农业的经济力，而且能改善乡村生活环境品质，提升乡村活力，增加村民福祉，是建设美丽乡村的必然选择。

我国地域辽阔，自然环境差异很大，农业生产具有明显的区域特征，因此，不同地区的现代农业发展路径也不尽相同。在平原地区的主要产粮区，必然要走规模化农业之路。而在山区，如贵州喀斯特地区，搞规模化农业几乎是不可能的，大型的农业机械根本用不上。所以，贵州只能选择非规模化的精细农业、生态农业、特色农业作为实现农业现代化的基本模式。

（一）发展规模化、产业化农业，实现规模经济

随着城市化、工业化的不断发展，农村劳动力大规模流动，大量劳动力脱离土地，随之而来会有大量的土地被释放，再加上国家倡导鼓励“加强土地承包经营权流转管理和服务，健全流转市场，在依法自愿有偿流转的基础上发展多种形式的适度规模经营”的政策以及农业机械化的发展都为规模化农业的实现提供了可能。

规模化的农业发展形式是不同的，如日本的“农协”、法国的“农业合作社”、美国的“大农场经营”等。我国地域广阔，地理人文环境差异较大，如何进行规模化生产，我们可以借鉴其他国家的经验，因地制宜地寻找出适合自己的最佳发展模式。

龙头企业带动模式是现在比较成熟的农业经营模式，“公司+农户”的新型农业生产经营模式已经存在于部分地区。例如，福建超大集团与农民达成协议，租用农民的土地，在集中平整了土地后，公司再聘用当地农户为公司进行育种栽培，按月支付工资。这样，将土地流转出去的农民除了得到地租收入外，还得到了公司按月支付的工资性收入，农民收入得到了提高，农民也不需要为农产品的流通烦恼，通过公司的培训还能增强自己的农业栽培技术，提高就业技能。然而，“公司+农户”模式并没有解决小农生产环节内部规模不经济问题。所以，“公司+家庭农场”和“公司+基地+农户”的模式出现，在一定程度上克服了原有模式的固有缺陷，随着规模经济效益的显现，减少了交易中的效率损失，有助于资源的帕累托配置。如海口国家现代农业示范区在进行规划时，确定示范区未来发展定位，选择主导产业，选择龙头企业，寻找相关联的合作实体，提出该环节组织连接方式和将要实现的目标。

（二）精细农业

同一地块单元内的地形、土壤、作物生长状况差异很大，并随着时间和空间而变化。为了按需分配、节约资源、保护环境，就必须发展精细农业。精细农业是一种信息化的现代农业，需要信息来带动农业发展。精细农业主要是利用GPS、GIS、RS、DSS、先进传感技术、智能控制技术、计算机软硬件技术、网络技术、通信技术等高新技术手段，实现在农业生产全过程中对农作物、土地、土壤进行实时监测，精细探察其差异，根据实际需要，确定对作物的投入，以最经济的投入，获得最佳产出，减少对环境的污染，使经济效益、社会效益和环境效益达到全局最优化的一种农业生产管理方式。

精细农业发展的先锋当属以色列，以色列国土面积的2/3为丘陵和沙漠，气候干燥，水资源严重缺乏，经常因水资源发生冲突，为水而战。但是，在如此恶劣的自然环境条件下，却创造了农业奇迹，这主要得益于精细农业的发展。首先表现在农作物灌溉上，以色列发明并应用了滴灌技术，使水可以直接输送到农作物根部，大大节约了水资源。然而，让水均衡地滴渗到每棵植株却非常复杂，这就要由作物动态监控技术定时定量地供给水分，为此，以色列投入了大量的科研精力，不仅是对水分的需求进行合理调控，而且对土壤养分、病虫害等进行调节。以色列光合作用有限公司利用各种传感器对农作物的生长发育进行全天监控，传感器可以随时获取农作物的信息，包括湿度、光物质的积累量、液体流动量数据，通过自动化、数字化计算进行培育，达到最大的增产目的。

（三）特色农业

“八山一水一分田”的贵州省位于中国西南部高原山地，境内山脉众多，重峦叠嶂，气候温暖湿润，立体农业特征明显，农业生产地域性强，是进行农业整体综合开发、发展特色农业的最佳之地。同样，作为“八山一水一分田”的福建省位于我国东南一隅，生态条件优越，森林覆盖率达62.96%，位居全国第一。素有“南方绿色宝库”之美誉，发展林业一直是福建省的重中之重。林业具有可循环性和低碳性，是规模最大的循环产业、潜力巨大的低碳产业。林业经济是一种能够实现生态效益、经济效益和社会效益相统一与最优化，满足人们多样化的物质需求、精神需求、生态需求和自然生态系统自身的需要，促进自然—人—社会复合生态系统的和谐协调、共生共荣、共同发展的经济。总之，森林不但能为我们创造绿水青山，也能为我们创造金山银山。

农业的发展可以有利地利用这次机遇，发展健康产业、生态旅游产业、休闲产业、文化创意产业、生态服务产业等。乡村利用自己的优势发展创意农业，增加村民收入，如浙江嵊州的竹编、福建惠安县的雕塑、山东临沂的柳编、河北蔚县的剪纸、陕西凤翔的泥塑、江苏吴县镇的刺绣等充满地方特色的创意产业解决了许多村民的就业问题，带来了巨大的财富。有条件、有资源的乡村都可以利用这个契机把农业资源和文化资源、市场资源有效地利用起来，推动体验经济的发展。

三、村居布局优化的内容及实施

美丽乡村建设首先要做好优化村落布局和村庄建设的规划设计。按照当地规划部门的要求，聘请具有相应资质的机构和人员，进行村落布局优化和村庄建设规划设计。

美丽乡村人居布局优化应树立“自然生态、田园风光、特色风情、环保集约”的理念。村居布局符合当地实际，传承农村自然和文化发展脉络，集中连片、远离地质灾害点和低洼处，居住小区、工业小区、畜禽养殖区分离。房屋构造不千篇一律，要依山就势、错落有致、体现特色、经济适用、节能环保。

对已规划的村庄，根据形势变化，进一步修订完善规划，修订规划注重四点：一要注重特色。根据目标定位，体现特色亮点。二要注重和谐。根据山形地势、依山顺水、错落有致，追求人与自然和谐。三要注重配套。注重基础设施和公共服务的配套，改善人居环境。四要注重保护和传承当地特色文化。保护古树和有历史价值的古民宅和古村落，现存的古庙、古物、古牌、古树等，有价值、有文化的尽可能留存，并与乡村旅游相结合，建设新农村综合体。对新建的小区或安置小区进行统一规划、统一设计、统一配套。通过完善提升村庄建设规划，使特色更加鲜明，村落、田园和产业等空间布局更加科学，新村建设容量和人口规模更加合理。

村庄建设规划主要内容：村民住宅、公共建设、产业发展、道路交通、排水排污和其他建设的布局、人口分布、用地规模、发展方向、近期和远期建设计划。规划编制应具备“五图二书三表”。

“五图”：①村域规划图；②村主要居民点现状分析图；③布局规划图；④设施规划图；⑤整治规划图、近期集中建设区修建性详细规划图、近期农房整治规划设计图（3选1或3选2）。

“二书”：①规划说明书；②规划文本。

“三表”：①村庄用地汇总表；②村主要居民点建设用地平衡表；③近期整治行动计划表。

规划成果做到“简洁规范，通俗易懂”，广泛征求群众意见，经村民代表大会通过，报县级规划部门审批。

人居布局优化具体工作事项有：①进村测量或补充测量地形，制作1∶500地形图。②对美丽乡村项目建设征求村、组、户的意见，收集建议。③村庄建设总体规划设计。④新建农房单体设计、农户整修分户设计。⑤对项目建设与新村规划设计分别向乡镇、村、户征求意见，民房新建与整修设计分别征求意见，修改后再次征询意见。⑥组织评审，审定后制作多媒体或动漫文本和大型效果图。

村庄优化布局要则如下。

1. 村庄规划编制内容（略）

2. 村庄分类及相应的规划对策

根据当地的自然地理环境、村民的生活习惯、现有建设基础、经济发展水平等多种因素，将村庄分为改造型、新建型、保护型等三大类型，同时按照区位和建设特点增加一类——城郊型，分别采取相应的规划对策。

（1）改造型。指现有一定的建设规模，便于组织现代农业生产，具有较好的或可能形成较好的对外交通条件，具有一定的基础设施并可实施更新改造，同时村庄周边用地能够满足扩建需求。整治建设原则：改造型村庄建设包括旧村改造和村庄扩建，应妥善处理新旧村的建设关系，积极推进旧村的改造和整治，合理延续原有村庄的空间格局，有序扩建新村。

①旧村改造。根据当地的实际经济发展水平和农民群众的收入状况，在重视保护和利用历史文化资源、尊重村民意愿的前提下，开展村庄整治。对现有建筑进行质量评价，有步骤地改造和拆除老房、危房。逐步优化旧村布局，完善基础设施，加强村庄绿化和环境建设，提高村庄人居环境质量。

②村庄扩建。与旧村在空间格局、道路系统等方面良好衔接，在建筑风格、景观环境等方面有机协调；在旧村基础上沿1~2个方向集中建设（选择发展方向应考虑交通条件、土地供给、农业生产等因素），避免无序蔓延，尽量形成团块状紧凑布局的形态；统筹安排新旧村公共设施与基础设施配套建设。

（2）新建型。根据经济和社会发展需要，确需规划建设的村庄，如移民建村、迁村并点及其他有利于村民生产、生活和经济发展而新建的村庄。建设原则：村庄选址应立足于提高新村的避灾能力，尊重被迁移农民的意愿。村庄建设应与自然环境相和谐，用地布局合理，功能分区明确，设施配套完善，环境清新优美，充分体现浓郁乡风民情和时代特征。

（3）保护型。针对各级历史文化名村，以及其他拥有值得保护利用的自然或文化资源的村落，如有优秀历史文化遗存、独特村庄布局或浓郁地域民俗风情的村庄，加以保护性修缮和开发利用。

保护开发原则：延续村庄文脉，传承建筑文化。对具有传统建筑风格和历史文化价值的古民居、古祠堂和纪念性建筑等文化遗产进行重点保护和修缮，彰显村庄历史文化的底蕴，实现永续利用。

保护开发方式：编制古村保护建设规划，划定保护范围，请文物部门进行文物普查，邀请专家对古村的历史渊源和建筑风格进行论证，挖掘文化底蕴，为古村保护开发提供依据。逐步投入资金，维修破损严重的古建筑，修复村内道路和水系，在不影响古村格局和建筑风格的前提下，统一规划建设，另辟新区解决新增人口以及为古村落整体保护而疏散的村民生活、生产等要求。

（4）城郊型。特别针对位于城市、县城、镇规划区内、规划建设用地范围外，并已基本丧失地方特色的村庄。

建设原则：根据城市规划要求和产业发展需要，允许通过一定的政策扶持，运用市场机制，实行综合开发，一步到位就地改造或集中迁建成为城市社区，以利于将来自然融入城市。

3. 村庄建设用地选择

（1）村庄建设用地宜选择自然环境良好，符合安全、卫生要求，坚持保护耕地和节约用地的原则，充分利用丘陵、缓坡和其他非耕地，避开山洪、风口、滑坡、泥石流、洪水淹没、地震断裂带等自然灾害影响的地段，避开自然保护区、有开采价值的地下资源和地下采空区。

（2）村庄应与生产作业区联系方便，村民出行交通便捷，村庄对外有两个以上出口，避免被铁路、重要公路和高压输电线路穿越，避免沿过境道路展开布局。

4. 村庄规模分级

村庄规模按人口数量划分为特大、大、中、小型四级，如下表。村庄配套设施内容和标准应与规模相适应。条件受限的山区村庄应逐步改变过于分散的现状，但应尊重农民意愿，不搞强行集并。

村庄规模分级

人口规模分级	常住人口数量（人）
特大型	>3 000 人
大型	1 001~3 000 人
中型	500~1 000 人
小型	<500 人

注：村庄人口指主要居民点规划总常住人口（含居住半年以上的外来人口）

5. 村庄用地布局

在与基本农田保护规划相衔接的基础上，在村庄建设用地范围内，对村庄住宅用地、公共设施用地、生产设施用地、交通用地、工程设施用地、绿化与广场用地等进行合理布局，原则上不安排村庄工业用地，现有村庄工业用地宜向城镇工业区集中。按既方便使用，又符合环保、卫生、安全生产的原则，可根据需要为农民生产劳动配置作业场地，包括晒场、打谷场、堆场及集中养殖小区等。集中养殖小区的选址应远离饮用水源地，并选在全年主导风向的下风向。

村庄人均建设用地指标：本着严格控制用地的原则，村庄建设用地宜按人均 80~120 平方米控制。编制规划时，以现状人均建设用地水平为基础，通过调整逐步达到合理。撤并扩建的村庄，现状人均低于 80 平方米的可适当调高 5~10 平方米；现状人均超过控制指标的，规划中应逐步调低。现状人均在 80~100 平方米的，规划人均可适当增减 0~10 平方米；现状人均在 100.1~120 平方米的，规划人均可适当减少 0~10 平方米；现状人均在

120.1~140平方米的，规划人均可适当减少0~20平方米；现状人均在140平方米以上的，规划人均应减至120平方米以内。

村庄用地分类

类别名称（类别代码）			范围
建设用地（H）			包括居民点建设用地、区域交通设施用地、区域公用设施用地、特殊用地、采矿用地等
其中	村庄建设用地（H1）		农村居民点的建设用地
	其中	村庄住宅用地（R）	城市、县城、镇、乡规划建设用地范围外的村民居住的宅基地及其附属用地
		公共设施用地（C）	各类公共建筑及其附属设施、内部道路、场地、绿化等用地
		生产设施和仓储用地（M-W）	独立设置的各种生产建筑、物资的中转库、专业收购和储存建筑、堆场及其设施和内部道路、场地、绿化等用地
		交通设施用地（T-S）	村庄对外交通的各种设施用地、村居民点道路用地及交通设施用地
		工程设施用地（U）	各类公用工程和环卫设施以及防灾设施等工程设施用地，包括其建筑物、构筑物及管理、维修设施等用地
		绿地（G）	包括公园绿地、防护绿地、以硬质铺装为主的村庄公共活动场地等开放空间用地
	区域交通设施用地（H2）		铁路、公路、港口、机场和管道运输等区域交通运输及其附属设施用地
	区域公用设施用地（H3）		为区域服务的公用设施用地，包括区域性能源设施、水工设施、通讯设施、殡葬设施、环卫设施、排水设施等用地
	特殊用地（H4）		特殊性质的用地，包括专门用于军事目的的设施用地，监狱、拘留所、劳改场所和安全保卫设施等用地
	采矿用地（H5）		采矿、采石、采沙、盐田、砖瓦窑等生产用地及尾矿堆放地
非建投用地（E）			水域、农林、空闲地等非建设用地

（续表）

类别名称（类别代码）		范围
其中	水域（E1）	河流、湖泊、水库、坑塘、沟渠、滩涂等，不包括公园绿地及单位内的水域
	农林用地（E2）	耕地、园地、林地、牧草地、设施农用地、田坎、农村道路等
	其他非建设用地（E3）	空闲地、盐碱地、沼泽地、沙地、裸地、不用于畜牧业的草地

注：本分类综合参照《城市用地分类与规划建设用地标准（报批稿）》（GB 50137—2011）和《镇规划标准》（GB 50188—2007）

6. 公共服务设施及基础设施配置

（1）公共服务设施。村庄规划应配置村委会、医疗室（计生站）、文化中心（站、室）、幼儿园、商业服务网点等公共设施和村民从事体育、休闲与社交活动的场所。村庄公共服务设施宜集中布置，以形成村庄公共活动中心。

公共服务设施配置标准一览

序号	项目名称	建筑面积	备注
1	村委会	100~300 平方米	1~5 项应设，村邮所宜设，可与村（社区）综合服务中心联合设置
2	医疗室（计生站）	≥60 平方米	
3	文化中心（站、室）（包含农村电影放映室）	≥100 平方米	
4	老人活动室	≥100 平方米	
5	村广播室	约 10 平方米	
6	村邮所	≥25 平方米	
7	公共活动场地（运动场地）	用地面积 600~1 000 平方米	应设。可联合设置
8	农村避灾点	容量不小于 100 人	

（续表）

序号	项目名称	建筑面积	备注
9	集贸市场	≥100 平方米（集镇所在村的集贸市场≥600 平方米）	可设
10	农家店	店铺营业面积≥40 平方米	可设。由市场调节
11	农资农家店	店铺营业面积≥30 平方米	
12	公厕	每个主要居民点至少设 1 处，特大型村庄宜设 2 处以上，每处建筑面积不小于 30 平方米	应设
13	幼儿园	平均每生用地面积：不低于 20 平方米	应设
14	小学	平均每生用地面积： 初小（4 班）不低于 26 平方米； 完小（6 班）不低于 26 平方米； 完小（12 班）不低于 24 平方米； 完小（18 班）不低于 21 平方米	按教育部门有关布局规划设置。执行国土资源厅、教育厅、建设厅颁发的《福建省教育用地控制指标》（试行）

（2）道路交通。根据村庄不同的规模等级选择相应的道路等级系统。道路的组织形式与断面宽度的选择应因地制宜。村庄干路红线宽度一般在 7 米以上，支路红线宽度在 3. 5 米以上。路面材料以水泥、沥青为主，也可利用石板、鹅卵石等地材资源。村庄主要道路应进行道路绿带建设，有条件时应设置照明设施，干路应体现村庄道路绿化景观风貌。新建村庄应考虑配置农用车辆和大型农机具停放场所。

道路工程建设应贯彻“充分利用、逐步改造”与“分期修建、逐步提高”的原则。有关村庄道路的路幅宽度值目前尚无统一规定，下表的数值可供参考。

村庄道路规划技术指标（供参考）

人口规模分级	道路类别	道路红线宽度（米）	单车道宽度（米）	车行道宽度（米）	每侧人行道及绿带宽度（米）
特大型（>3 000 人）	干路	16 ~24	3.5	7~10	4.5~7
	支路	10 ~14	3.5	6~7	1.5~3
	巷路	3.5~4	3.5	3.5	可不设
大、中型（500~3 000 人）	干路	12 ~16	3.5	6~7	3~4.5
	支路	7~10	3.5	3.5~7	0~3
	巷路	3.5~4	3.5	3.5	可不设
小型（<500 人）	干路	6~10	3.5	3.5~7	0 ~1.5
	支路（巷路）	3.5~4	3.5	3.5	可不设

注：①村庄道路绿带可将行道树绿带及路侧绿带合并设置。②道路两侧环境条件差异较大时，可将路侧绿带集中布置在条件较好的一侧。③车行道宽度超过 5 米的可适当考虑部分占道停车

（3）供水排水。村庄应有集中安全的供水源，水质应符合现行饮用水卫生标准，管网敷设到户，生活用水标准 60~120 升/（人·日）。供水水源与区域供水、农村改水相衔接。一般按照 10~20 年一遇洪水标准，安排各类防洪工程设施，在区域范围内统一设置泄洪沟、防洪堤。

新建村庄排水宜采用雨污分流制，以沟渠排雨水、管道排污水。整治改建的村庄可采用合流制、截流式合流制或分流制。村庄现有的排水沟渠应进行治理改造，继续发挥作用。生活污水量按生活用水量的 75%~90%计算，生产污水量及变化系数应按产品种类、生产工艺特点和用水量确定，也可按生产用水的 75%~90%进行计算，雨水量宜按邻近城市的标准计算。污水排入系统前，应采用化粪池、生活污水净化沼气池等方法进行预

处理。

(4) 电力通信。村庄邮政、通信、供电、广电应纳入镇域规划统一布置。

(5) 环卫设施规划。在垃圾处理运作模式上，城市和县城垃圾处理场有条件接收周边镇（乡）村生活垃圾的，应采用“村收集、镇（乡）中转、县（市）处理”模式；地理单元相对独立且运输成本高的山区，宜采用“村收集、乡镇处理”模式；边远山区、海岛等交通不便的农村，以行政村为单元，可采用“统一收集，就地分类，综合处理”模式，以农家堆肥或减量填埋方式实现资源化利用和低污染排放。镇乡环卫站配备密闭式专用垃圾收集车辆，制定垃圾收集时间表，定时收集各类无垃圾，收集频次可根据实际需要设定。

结合农村改水改厕，逐步提高无害化卫生厕所覆盖率，推广水冲式卫生公厕。村内须设置公厕，公共厕所建设标准应不低于 10~30 平方米/千人（住户有厕所的取下限，无厕所的取上限），每厕最低建筑面积应不低于 30 平方米。

村庄应积极推广使用沼气、太阳能，利用清洁型能源，保护农村生态环境，大力推广节能新技术。

由于农村自然环境、风俗习惯多样，不同村庄经济水平和建设条件差异较大，加之长期自发进行建设，其公共服务设施及基础设施建设的技术指标可根据具体情况加以确定。

7. 绿化建设

绿化建设应结合村庄山水林田、民俗民风，展示地方文化，体现乡土气息，留住田园风光。组织发动农民群众大力开发“四旁四地”（村旁、宅旁、水旁、路旁；宜林荒山荒地、低质低效林地、坡耕地、抛荒地）等非规划林地，种植珍贵和优良乡土树种，建设示范绿色村庄。

村庄应设置公园或集中绿地，公共绿地建设宜结合村口与公共中心及沿主要道路布置，适当布置桌椅、儿童活动设施、健身设施、小品建筑等，丰富农民生活。

创建绿色村庄，要求建设1处以上的公园绿地，“四旁”“四地”基本绿化。公园绿地面积要求200平方米以上，辖区内宜林荒山绿化率达95%以上，路旁两色、水旁宜林地段绿化率达80%以上，农田林网控制率达85%。以上。村旁、宅旁种植名贵和优良乡土树种占40%以上，户均每年种植5株以上；主要路旁两侧边沟以外及水旁宜绿化地段各种植2排以上优良乡土树种。

8. 竖向规划

充分利用自然地形，尽量保留原有绿地和水面，少占或不占良田，要综合优化排水、防涝、道路等工程方案，在满足排水管沟的设置要求及有利于建筑布置与空间环境设计的基础上，合理确定建设用地的各项控制标高。

道路及各种场地的适宜坡度：道路纵坡一般不小于3‰、不大于6%，地形复杂地方不大于8%；地面排水的最佳坡度为0. 5~1. 0，不小于0. 3%、不超过4%，当地形自然坡度大于4%时，应做成台地式，台地之间用挡土墙或护坡连接。建筑物室外标高应与道路标高相协调。对可能造成滑坡的山林、坡地，应加砌护坡或挡土墙。

9. 农村住宅规划设计

小区建设：积极引导村民集中建房，鼓励采取统规统建或统规自建等方式，统一规划、统一设计、统一施工、统一配套、统一外观，集中建设农村住宅小区。住宅建设应贯彻“一户一宅”政策，低层住宅宜采用并联式或联排式，城郊村庄引导建设多层单元式住宅建设、控制建设低层住宅。有下列情形之一的，应当统一规划建设村镇住宅小区：农村居民因国家、集体建设拆迁安置需要集中建设住房的；农村土地整理涉及农村居民新建住房的；农村新村建设的；灾后集中统一建设的。

宅基地：农村村民一户只能拥有一处宅基地。村民每户建住宅用地面积限额为80~120平方米，但三口以下的每户不得超过80平方米，六口以上的每户不得超过120平方米。

选址：应避开地质复杂、地基承载力差、地势低洼又不易排涝以及易受风口、滑坡、雷电和洪水侵袭等自然灾害影响的地段。

规划：集中建设的成片住宅小区应编制修建性详细规划，建设多层单元式住宅的，参照城市居住区规划设计等相关标准执行。

建筑群体组织：充分结合地形地貌、山体水系等自然环境条件，结合民情民俗、村组单元，组织建筑组群，引导形成自由而有序的空间形态和脉络，体现地方特色。

间距和朝向：住房建筑前后间距与前建筑高度比不低于1∶1且满足日照间距的要求，相邻房屋山墙之间（外墙至外墙）的间距一般为4米，建筑宜朝南布置。

建筑风格：住房建筑布局合理、功能齐全，房屋造型简洁适用美观，识别性明显，采用坡屋面，能反映农村住房特点，具有乡土气息和地方特色，外观要进行统一装修，避免“裸房”，外观装修应在1年内完成。

配套：①集中统规统建或统规自建住宅小区的，给水排水、电力通信、道路、广电、绿化和社区服务等配套设施要同步规划建设。②农村住宅小区应配套居民健身设施、农家店、垃圾收集点、治安联防站及农用车辆或大型农具停放场、晾晒场等社区服务设施。选址于农村住宅小区的村级公共服务设施与社区服务设施应统筹安排建设。③农村建房应当同时配建三格化粪池。化粪池应当远离水源，并加盖密封。④小区建筑密度控制在30%左右。应灵活布局包含花木草坪、桌椅、简易儿童设施等的社区绿地，小区绿地率不低于30%。

10. 农村住宅建设标准和规定

①农村住宅设计应遵循适用、经济、安全、美观、节能的

原则，平面设计应尊重村民的生活习惯和生产特点。②农村住宅一般不超过三层，每户住房建筑面积控制在300平方米以内。建设多层单元式住宅的，每户住房建筑面积控制在200平方米以内。层高控制应符合当地的实际情况，一般3米左右为宜。③农村住宅建筑结构应满足抗震要求。④应大力推广应用优秀农村住宅设计，各地可选用《福建省村镇住宅通用图》和各市县编印的《村镇住宅通用图》。

第二节　公益项目谋划与组织实施

启动美丽乡村建设，最重要是根据现有基础、建设条件，谋划形成一批产业发展、基础设施、社会事业、生态环境、新型社区、“一事一议”等建设项目，积极申报，争取支持。

近年来，各级政府新增加了许多支持“三农”发展的项目。主要有20类项目。

（一）产业发展支持项目

除了中央的支农、惠农、富农政策之外，主要有以下几种。

（1）农业部门负责的种植养殖业支持项目。设施农业、园区建设、示范基地、农业基地、家庭农场、特色优势农产品基地建设项目。

（2）林业部门负责的竹业、花卉产业支持项目、林下经济发展项目。发改、财政、水利、农业、商务、林业、扶贫等部门结合各地林下经济发展的需求和相关资金渠道，对符合条件的项目予以支持。天然林保护、森林抚育、公益林管护、退耕还林、速生丰产用材林基地建设、木本粮油基地建设、农业综合开发、科技富民、新品种新技术推广等项目，以及林业基本建设、技术转让、技术改造等资金，应紧密结合各自项目建设的政策、规划等，扶持林下经济发展。

（3）农业、林业部门组织实施的产业化和农产品加工发展项目。

（4）渔业部门负责的养殖发展和水乡渔村与休闲渔业示范基地项目。

（5）农民专业合作社发展扶持项目。

①国家级示范社：农业部安排农民专业合作社经济组织建设扶持项目，安排农民专业合作社经济组织标准化示范项目。

②省级示范社：每年扶持省级示范社建设，给予一定额度的资金扶持。

（二）农民培训项目

农办、农业等部门负责的职业农民培育、农村优秀人才培养、农村实用技术人才培训和“绿证”培训。农办负责实施的阳光工程培训，农办、社会保障等部门负责的农村劳动力职业技能培训。

（三）科技示范项目

科技农业部门负责的特色优势产业基地科技支持及先进农机具、设施农业等项目；农业、林业、库区移民局等负责的农村“五新”技术示范等支持项目；科技、农科教办实施的科技示范户、核心农户示范项目。

（四）乡村旅游业项目

农业、旅游等部门负责的休闲农业、旅游农业、乡村旅游示范项目，林业部门负责的“森林人家”示范项目。

（五）村庄规划、垃圾处理和家园清洁项目

住建、规划部门负责的乡村建设规划修编和垃圾处理设施建设与家园清洁支持项目。

（六）旧村复垦与土地整理项目

国土资源等部门负责的旧村复垦、土地整治、土地垦复项目。

（七）农村公路建设项目

交通部门负责的通村公路拓展延伸项目，农村公路护养配套项目；村村通客车项目。

（八）农村人饮工程项目

水利局部门负责的农村水利项目，发改委和水利实施的集中供水和安全饮用水、自来水工程向自然村伸延、拓展等项目。发改委负责的“以工代赈”项目。

（九）生态环境与农村环境整治项目

由林业部门负责的村镇绿化项目；农业、林业局组织实施的农村“一池三改”、生态公益林等项目；环保部门负责的生态乡镇、生态村创建和农村环境连片整治、污染整治项目。水利、水保部门负责的水土流失治理和生态建设项目。

（十）农田基本建设项目

烟基工程与烟基水源工程、农业综合开发工程、中低产田改造工程、土地整理工程、小型农田水利重点县建设项目、库区移民农田基础建设工程等项目。

（十一）服务体系建设项目

农办农业部门负责的村级服务站或便民服务点，以及农村信息化服务点及“世纪之村”服务平台建设项目。供销社负责的专业合作社发展和新网工程、村级综合服务站、“农家店”等农村物流服务项目。供销社系统组织实施的社区综合维修服务体系建设项目，建设县级综合维修服务中心、乡镇综合维修服务站、村级维修点。

（十二）农村社会保障体系项目

扶持发展社会福利和慈善事业及民办养老服务机构项目。农业农村农民政策性保险试点项目。

（十三）精神文明创建项目

文明办牵头的文明村镇创建项目。

（十四）文化活动场所建设项目

农村文化活动场所（文化站、文化大户、农家书屋、“移动‘三农’书屋”等）和农村电影设备等建设项目。文广新局组织实施的激情广场建设项目和激情广场群众性文化活动示范点；体育部门组织实施的农民体育健身工程。移动公司组织实施的“三农”书屋。

（十五）体育健身活动场所建设项目

体育局负责的农民体育场所与健身设施兴建项目，建设农民体育健身工程点，配建标准篮球场或羽毛球场、健身路径等。

（十六）农村医疗卫生和计生事业建设项目

卫生、人口与计生部门负责的农村医疗卫生事业和生育健康建设示范项目。

（十七）农村基层组织建设示范项目

组织部门负责的党建综合示范点、村级活动场所建设项目，民政部门负责的农村社区建设项目。

（十八）扶贫开发造福工程与危房改造项目

扶贫开发整村推进和产业扶贫项目。30户以下的偏僻山村、经国土部门认定的地质灾害点以及贫困残疾人等六类搬迁造福工程项目。农村危房改造补助项目。

（十九）村级公益事业“一事一议”财政奖补政策

对村民一事一议筹资筹劳项目给予奖补，奖补范围主要包括农民直接受益的村内小型水利设施、村内道路、环卫设施、植树造林等公益事业建设，优先解决群众最需要、见效最快的村内道路硬化、村容村貌改造等公益事业建设项目。财政奖补既可以是资金奖励，也可以是实物补助。

（二十）社会各界支持或捐建项目

由社会团体、社团组织和大中专院校、科研院所等事业单位，移动公司、电信公司、电力公司、人保财险公司、烟草公司及华润集团等央企支持资助的农村建设和社会事业发展项目；农业产业化龙头企业及外出乡贤捐建赞助支持项目。

目前，由村一级组织实施的项目中，最有基础的项目是生态村创建项目。生态村创建可以从申报市级生态村开始，逐步申报省级、国家级。

最有资金、最快可以启动的项目是旧村复垦、农业综合开发、烟基工程项目。由国土资源部门负责的旧村复垦、土地整理与城乡建设用地增减挂钩项目，比较容易列入支持项目，且资金量大，工作经费与拆迁补助较好解决；做此项目，投入100多万元启动美丽乡村建设，对山区乡村是条很好的路子。由烟草部门资助兴建的烟基水源工程、烟基工程项目和农综办（农发办）负责的综合开发项目是改善农村生产生活条件资金量较大的建设项目。

最方便、最好做的项目是各级试点项目。近年，各级将分期分批开展美丽乡村建设试点示范。列入试点之后，政府支持、启动资金、项目安排都可以得到较好解决。

据调查了解，目前，村级普遍最需要兴办、最有公益效果和最希望政府、企业、社会各界支持的项目是：①农民专业合作社购置农产品运输、冷藏、精选、包装设备及相关设施兴建项目。②休闲观光农业、乡村旅游业公共场所兴建或特色景观打造项目。③村主干道或自然村村道路灯装配项目。④骨灰存放为主的纪念堂兴建项目。⑤风景片林或风水塘建造项目。

一、生态建设项目

主要是由各级环境保护部门的生态乡镇、生态村创建项目，可逐级申报市级、省级、国家级生态村、生态乡镇。

政府部门主要支持项目的申报条件与要求及申报流程如下。

（一）福建省省级生态乡镇申报流程

（1）申报范围。市辖区、县级市、县以下各类建制镇、乡、涉农街道等乡（镇）级行政区划单位。

（2）申报条件。经自查达到《福建省省级生态乡镇建设指标》（附后）各项要求的单位，可以申报。

（3）申报程序、内容与时间。①申报程序。申报省级生态乡镇由乡镇人民政府向县（市、区）人民政府提出申请并获批准，经设区市环保局验收审查合格后，向省环保厅提出复核申请。②申报内容。乡镇人民政府的申请报告必须附有建设省级生态乡镇的工作总结和技术报告。工作总结包括建设工作的组织领导、建设主要内容和措施以及取得的成效；技术报告包括省级生态乡镇申报表（具体格式附后）和各项指标完成情况的证明材料（包括监测、检测报告）。③申报时间。设区市环保局向省环保厅提出复核申请的截止时间为每年的 5 月 30 日。

（4）审查与复核。①设区市环保局。对申报省级生态乡镇的材料进行审查。经审查合格的，组织专家组到申报乡镇进行实地考核。实地考核包括听取汇报、查阅资料、现场检查、社会调查等。对实地考核中发现的问题，专家组应指导申报乡镇做好改进工作。实地考核结束后，专家组向设区市环保局提交考核报告。依据专家组考核报告对被考核的乡镇提出是否达到省级生态乡镇建设指标的审查意见，并对经审查认为达到省级生态乡镇建设指标的乡镇在地市级主要媒体上公示，对公示有疑问的乡镇进行复查。对公示通过（或复查合格）的乡镇，向省环保厅提出复核申请，同时提交专家组考核意见、公示情况及复查情况。②省环保厅复核。省环保厅接收到设区市环保局报送的审查意见和复核申请后 2 个月内，组织专家组核查材料，对各设区市环保局申报的乡镇按原则不低于 15%的比例开展现场抽查。在现场抽查中，若发现抽查数量 1/3 以上的乡镇在申报过程中存在弄虚作假行为，则取消该设区市环保局本次所有申报乡镇的审议资格，并在下一年暂停受理该设区市环保局省级生态乡镇复核申请。根据专家组提出的核查意见和现场抽查情况，符合条件的乡镇，将以公告等形式向社会公布。

（5）监督管理。①省环保厅对达到省级生态乡镇建设指标的乡镇实行动态管理，每 3 年组织一次复查。复查由设区市环保局负责实施，复查发现问题的乡镇要限期整改，整改时限为半年。设区市环保局应于每年 10 月底前将本年度复查情况及整改落实情况报送省环保厅。②省环保厅对各设区市环保局的省级生态乡镇管理工作进行抽查，抽查发现问题较多的乡镇，提出限期整改要求。经整改问题依然存在的，取消其省级生态乡镇称号，并暂停受理该市的省级生态乡镇验收申请。③设区市环保局应建立、完善省级生态乡镇申报、审核、专家组考核、公示、复查等制度，规范省级生态乡镇建设和管理工作。④已命名的省级生态乡镇应不断巩固深化创建工作，每年向设区市环保局提交年度工作报告。设区市环保局应在每年 10 月底前向省环保厅上报本市上一年度省级生态乡镇工作总结，包括申报情况、建设情况、日常管理情况、建章立制情况等。⑤获得省环保厅命名的乡镇，应加强辖区内环境监管，若辖区内出现较大（Ⅲ级）以上级别的环境事件，但当地政府未能及时妥善处理、造成严重社会影响的，或多次接到当地群众环境举报的，一经查实，若发生严重环境违法行为，一经查实，省环保厅将取消其省级生态乡镇资格。

（二）福建省省级生态村申报与实施管理

（1）省级生态村由各村民委员会自愿申请。各村经过生态村的创建，达到《福建省省级生态村创建标准》中基本条件和各项考核指标要求，可以向村所在乡镇政府提出，并由乡镇政府向县（市、区）环保局提出申请。经县（市、区）环保局预审后，提出书面意见报省环保局，同时抄送设区的市环保局。

(2) 省级生态村申报和评定工作原则上每年进行一次。对已获得省级生态村称号的村每三年复核一次；对不符合省级生态村标准的，将撤销其省级生态村称号。

(3) 省级生态村的考核验收。省环保局组织考核验收组(或委托设区市环保局组织) 以《福建省级生态村创建标准》为依据，采取听取汇报、查阅资料、实地考核、征求意见以及综合评分等方法进行考核验收，省环保局根据有关材料及考核验收组的验收意见，决定是否命名。

(4) 省环保局在已命名的省级生态村中推荐各项考核指标优秀者，参加国家级生态村评选。

(5) 各项考核指标达到《国家级生态村创建标准(试行)》的，可以直接申请参加国家级生态村的评选。

(三) 国家级生态乡镇和生态村申报

参照省级生态乡镇和生态村申报程序与流程及办法进行申报。

(四) 生态文明示范项目申报

生态文明示范县、示范村镇、示范点等项目由林业部门牵头负责。

国家级、省级生态文化村分别由挂靠在林业部门的国家、省生态文化协会授予。

(五) 省级生态文明教育基地称号申报条件与流程

生态文明教育基地称号采用命名制，实行动态管理。国家级生态文明教育基地由国家林业局负责。省级生态文明教育基地管理的日常工作由省林业厅负责。省林业厅设立省级生态文明教育基地管理工作办公室，成员单位包括省林业厅、教育厅、团省委有关处室。各市级林业主管部门负责协商同级教育行政部门、共青团组织，并汇总本市省级生态文明教育基地的申报审查工作。

1. 省级生态文明教育基地基本条件

（1）生态景观优美，人文景物集中，观赏、科学、文化价值高，地理位置特殊，具有一定的区域代表性，服务设施齐全，有较高的知名度；或者具有较强的生态警示作用；或者拥有比较丰富的生态教育资源。

（2）具备富有特色的生态、科普教育和宣传的展室、橱窗、廊道等基本设施，并设有专门负责接待中小学参观讲解的专门机构或人员，能够为中小学生的参观提供适合的教育和服务。

（3）文化活动突出生态主题，教育内容和活动形式丰富多样，参与人数通常情况下每年应达到 5 万人次；因客观条件未能达到上述要求的，经省级生态文明教育基地管理工作办公室认可，可以不受 5 万人次限制。

（4）有专门的管理机构，有完善的管理制度，无不正当经营及违章违规现象。

（5）有固定的资金渠道，保证设施、设备的运行和维护。

2. 命名程序

省级生态文明教育基地申报单位根据省级生态文明教育基地管理工作办公室发布的有关文件，提出书面申请报告（包括本单位基本情况、基础设施建设、生态文明教育活动的开展情况、主要成果等内容），填写《省级生态文明教育基地申报表》，经市级林业主管部门商同级教育行政部门、共青团组织审核同意，报省级生态文明教育基地管理工作办公室。

省级生态文明教育基地管理工作办公室受理各设区市林业主管部门申报材料后，负责组织有关方面专家和负责同志形成评审委员会，对申报材料进行实地审核把关。

省级生态文明教育基地管理工作办公室对评审委员会的意见汇总后，报省林业厅、教育厅、团省委批准授予省级生态文明教育基地称号，颁发证书和牌匾。

对开展生态文明教育活动积极、社会影响大、效果好的单位，可由省级生态文明教育基地管理工作办公室直接提名报批。

省级生态文明教育基地每批命名的总量和不同类型的比例由省林业厅、教育厅、团省委研究确定。

二、休闲旅游景观项目

主要有旅游部门负责的乡村旅游项目，农业部门负责的休闲农业示范点项目。

[附录1]

农业部的全国休闲农业品牌培育试点项目申报

为培育休闲农业品牌，提升休闲农业发展水平，促进农业农村经济发展，满足城乡居民休闲消费需求，决定启动实施全国休闲农业品牌培育试点项目，在全国范围内选择一批规划科学、布局合理、特色鲜明的农家乐集聚村或休闲农业经营点，通过支持其提升发展能力，培育在业内示范带动作用强、消费者中有广泛影响的休闲农业知名品牌。

（一）项目内容

休闲农业品牌培育试点项目的资金主要用于设施改造、素质提升、宣传推介和公共服务等方面，每个项目资金申请额度为20万元。

(1) 设施改造。主要用于休闲农业经营点路标、指示牌、停车场和环保设施的改造升级，以及公共环境的绿化美化等。

(2) 素质提升。主要用于休闲农业经营点对员工的业务培训，以及创意项目设计、特色产品开发等。

(3) 宣传推介。主要用于休闲农业经营点外围的广告牌制作、重大宣传推介活动的举办等。

(4) 公共服务。主要用于休闲农业集聚村创新公共服务方式，拓宽公共服务渠道，为各经营户提供公共服务。

（二）申报标准

(1) 示范带动性强。项目试点符合当地规划布局，农业生产功能与休闲功能有机结合，农业功能充分拓展，农耕文明、田园风貌、民俗文化得到传承展示，生态环境得到保护。经营点功能特色明显，文化内涵丰富，品牌知名度高，具有很强的示范辐射和推广作用。

(2) 经营管理规范。项目试点遵守国家法律法规，诚实守信，依法经营，社会形象良好。管理制度完善，岗位责任明确，接待服务规范。近三年内没有发生安全生产事故和食品质量安全事故，无拖欠职工工资和损害职工合法权益现象。

(3) 服务功能完善。项目试点的休闲项目特色鲜明，布局合理，功能突出，知识性、趣味性、体验性强。客房、餐厅干净整洁，卫生设施达标。农耕文化展示和农业科技普及、教育等设施完善。游览、娱乐等设备完好，运行正常，无安全隐患。

(4) 发展成长性好。项目试点在本地知名度较高，主导产业特色突出，近三年的总资产、销售收入和利税等主要经济指标稳定增长。

（三）申请程序

试点项目以省（自治区、直辖市、计划单列市及新疆生产建设兵团）为单位选定产生，每单位只报送1个。

农业部将组织有关专家对各地报送的材料进行评审，从中择优筛选支持。

（四）有关要求

(1) 精心组织安排。各休闲农业行政主管部门要精心组织，按照标准从优推荐，确保候选项目特色明显，发展成长性好，具有典型的示范带动作用。

(2) 加大扶持力度。各地要以实施项目为契机，争取扶持政策，加大扶持力度。对于地方有资金配套的试点项目将优先支持。

(3) 强化宣传推介。各地要结合工作实际，创新工作机制，加大宣传力度，有针对性地组织开展区域内休闲农业品牌培育活动。

［附录2］

福建省农业厅的省级休闲农业示范点申报

全省培育100个发展产业化、经营特色化、管理规范化、产品品牌化、服务标准化的休闲农业示范点。通过自我创建，符合基本条件的休闲农业点（包括农家乐专业村、农业观光园、休闲农庄、民俗村等），均可自愿申报。申报工作由各设区市农业局负责。

(一) 申报程序

在休闲农业单位对照创建条件进行认真自我评估的基础上，可以自愿向县农业局提出申请，填写《福建省休闲农业示范点申报表》，并附本单位综合情况、相关证照等材料。县农业局负责对本县申报单位进行考核、评估，符合条件的可向设区市农业局择优推荐。设区市农业局初审后择优报省农业厅。

(二) 省级休闲农业示范点基本条件

(1) 示范带动作用强。休闲农业项目符合当地规划布局和有关要求，并得到相关部门批准。能够紧紧围绕当地农业生产过程、农民劳动生活、农村乡土人情开发休闲产品，周边农民能够广泛参与和直接受益。通过项目建设，对当地经济发展、农民就业增收和新农村建设起到重要的带动作用。

(2) 经营管理规范。遵守国家法律法规，诚实守信，依法经营，依法纳税，热心公益事业，社会形象良好。管理制度完善，岗位责任明确，接待服务规范。近三年内没有发生安全生产事故和食品质量安全事故，无拖欠职工工资和损害职工合法权益现象。

(3) 服务功能完善。有园区总体发展规划，且规划科学、布局合理，休闲项目特色鲜明，体现农业观光体验、农耕文化展示等功能，知识性、趣味性、体验性强。客房、餐厅干净整洁，卫生设施达标。通讯、网络等设施顺畅。农耕文化展示和农业科技普及、教育等设施完善。休闲、娱乐等设备完好，运行正常，无安全隐患。

(4) 基础设施健全。道路通畅，路标、说明牌、路灯、停车场健全。消防、安防、救护等设备完好、有效。无违规建筑和占用耕地乱搭滥建现象。建立了符合环保标准的污水和生活垃圾处理设施，生产和生活垃圾实行无害化处理和综合利用，近三年内没有发生污染环境等问题。

(5) 从业人员素质较高。高度重视提高员工素质，注重加强人才培养。有完善的培训制度，健全的管理机制，坚持开展经常性的业务培训，上岗人员培训率达80%以上，关键和重点岗位人员持证上岗。

(6) 发展成长性好。主导产业特色突出，坚持标准化生产和产业化经营，所产农产品要达到无公害、绿色或有机农产品标准。近三年示范点总资产、销售收入和利税等主要经济指标稳定增长。近三年营业收入年均达到300万元以上，年接待游客3万人次以上，吸纳当地农村劳动力占职工总数的60%以上。

(三) 认定及管理

省农业厅将组织有关专家对各地上报的示范点进行考察、评审，经初步择优确定后，在“福建农业信息网”上进行7个工作日的公示。公示通过的单位，由省农业厅发文确认并颁发“福建省休闲农业示范点”牌匾和证书。

[附录3]

福建省“森林人家”准入条件

“森林人家”是以良好的森林环境为背景，以有较高游憩价值的景观为依托，充分利用森林生态资源和乡土特色产品，融森林文化与民俗风情为一体的，为游客提供吃、住、娱乐等服务的健康休闲型品牌旅游产品。

(一) 准入条件

1. 从业资格

森林人家实行持证经营，按规定办理以下证照。

(1) 营业执照。

(2) 税务登记证。

(3) 组织机构代码证。

(4) 卫生许可证。

(5) 消防许可证。

(6) 特种行业许可证。

2. 经营服务场地

经营服务场地应符合以下条件。

(1) 生态环境良好，具有浓郁的林区风情，空气质量达到GB 3095规定的Ⅰ级要求，负氧离子达到10 000个/立方米，水质达到GB 5749规定的Ⅰ级要求。接待区域面积与接待能力相适应。无安全隐患，远离处于地质灾害或低洼河边的危险地方，对可能出现危险的地方，应设置警示标志。

(2) 建筑具有特色，建筑材料宜采用木、竹、砖木等乡土材料和环保材料。房屋结构坚固，通风良好，光线充足。

(3) 环境整洁，无积水、污水、污物和异味，无乱建、乱堆、乱放现象，在50米范围内无放养家禽、家畜等。

（4）垃圾处理、污水排放、饮食油烟排放应符合 GB 8978、GB 18483 等相关规定。

（5）有明显的规范标志。

（6）字号牌匾的文字书写规范、工整、醒目。

3. 接待服务设施

（1）厨房。厨房应符合以下条件。

①位置合理，离暴露垃圾堆（场）、厕所等应大于 20 米，其使用面积应大于 12 平方米。

②地面已作硬化处理，防滑、易于清洗。墙裙瓷砖应高于 1.5 米。

③顶棚应能防尘、光洁、便于清扫。

④有清洗、切配、烹调、凉菜制作和餐具、工用具洗涤和消毒的设施和场所，并符合国家相关餐饮业管理规定和标准要求。洗涤消毒的洗涤剂应符合 GB 14930.2 的规定。

⑤有良好的通风排烟和冷藏设施。

（2）就餐环境。就餐环境应符合以下条件。

①位置合理，采光通风良好，其使用面积应大于 30 平方米。

②餐厅地面已作硬化处理，防滑，能防尘。

③就餐环境应符合卫生要求。

（3）客房。客房应符合以下条件。

①标准客房有独立卫生间，楼层有公共卫生间。

②有必要的客房家具设备、彩电，灯光照明充足，采光通风良好。

（4）公厕。公厕应符合以下条件。

①环境整洁，无污垢、无堵塞，异味较小。

②男女厕所应分设，有醒目的标志。标志应符合 GB/T 10001.1的规定。

（5）通用要求。

①上下水条件齐备通畅，饮用水符合 GB 5749 的规定。

②有防蝇、防鼠、防虫以及处理垃圾的措施和设施，垃圾桶应密闭加盖。

③有必要的消防设施。

④游乐设施应符合国家有关安全要求的规定。

（二）要求

经营管理

(1) 按照国家有关法律、法规、规章和相关规定开展经营活动。

(2) 管理体制健全，运行有效。

(3) 具体要求如下。

①有明确的经营范围和经营方式。

②实行岗位责任制及服务规范化。

③有健全的卫生管理制度并设专人负责卫生工作。

④建立食品台账，各种原料、辅料、调料应符合现行有效的产品标准或国家有关规定及要求。

⑤加工食品应当煮熟煮透，隔餐食品必须冷藏存放，生品、熟品要分别加工、存放；不得销售腐败变质、含有毒有害等不符合卫生要求的食品。

⑥食（饮）具洗消保洁应符合 GB 14934 的规定，不得使用一次性餐具。

⑦卧具一客一换。

⑧应明示服务项目并明码标价。

⑨上岗人员应统一着装并佩戴标志。

(4) 从业人员。

①遵纪守法，遵守职业道德。

②从业人员应诚实守信，尽职尽责，服务热情、周到。

③接待人员注意仪表仪容、礼貌用语。

④从业人员应经培训考核，达到岗位合格的要求。

⑤从业人员身体健康，无传染性疾病和其他有碍食品卫生的疾病，按规定定期进行健康检查，取得健康合格证，并经卫生知识培训合格上岗，能熟练掌握岗位基本卫生知识。

⑥从业人员上岗应穿着清洁工作衣帽，不留指甲、不涂指甲油，不戴戒指、首饰等。

[附录4]

福建省省级水利风景区申报及评审办法

（一）申报范围

凡以水域（水体）或水利工程为依托，具有一定规模和质量的风景资源与环境条件，可供开展观光、娱乐、休闲、度假或科普、文化、教育活动的区域，经开发、建设后符合省级水利风景区标准要求的，均可申报福建省省级水利风景区。省级水利风景区包括：水库型、灌区型、自然河湖型、城市河湖型和水土保持型五类。

（二）申报条件

(1) 具有一定规模和质量的水利风景资源，其管理和保护范围明确、权属清楚、管理机构健全。

(2) 水资源、水环境保护措施落实，水工程运行安全正常。

(3) 景区配置有必需的基础设施和一定规模的自然、人文、历史景观，可供开展观光、娱乐、休闲、度假或科普、文化、教育等活动。

(4) 基本的旅游服务体系健全，能提供开展水利旅游所必需的安全管理、卫生管理及旅游接待等服务。

（三）申报材料

(1)《福建省省级水利风景区申报表》（可从水利厅网站下载，网址：fjwater. gov. cn），一式叁份，A4纸双面打印，单独装订。

(2) 设区市水行政主管部门初审推荐文件。

(3) 风景区总体规划。

(4) 水利旅游项目综合影响评价报告（含县级以上人民政府证明文件)。

(5) 景区权属证明文件（土地证、土地使用证明文件或所在地政府证明管护范围文件)。

(6) 景区水域水质检测证明。

(7) 水行政管理单位出具的工程安全运行证明。

(8) 景区管理机构成立文件。

(9) 景区管理规章制度等相关经营管理文件（加盖申报单位公章)。

(10) 景区介绍材料（包括文字、图片、影视材料)。

(11) 景区自评表。

(12) 申报材料清单。

(四) 申报时间

每年 5 月 31 日为当年申报截止时间。

三、新村建设项目

主要有住建部门的宜居新村项目、扶贫部门的造福工程项目。

(一) 福建省造福工程集中安置示范小区申报

一是省级示范安置小区建设。全省每年建设 100 个省级示范安置小区。要求每个省级示范安置小区规划并安置 100 户以上，当年安置 50 户以上。逐级向县、市、省扶贫部门申报。

二是市级示范安置小区建设。每年规划建设一批市级示范安置小区。要求每个小区规划并安置 50 户以上。逐级向县、市扶贫部门申报。

三是建设一批县级、乡级示范安置点。扶持一批 30 户以上的示范安置点。

（二）福建省村镇住宅优秀小区申报及评选办法

1. 评选条件

（1）小区布局要求。小区选址安全，出入口位置恰当，道路构架清楚、分级明确简捷，能满足消防、救护、抗灾及管线敷设等要求。住宅的朝向、间距符合日照、通风和防灾的要求。技术经济指标合理，建筑密度在30%以上。实现人畜分离。

（2）住宅建筑要求。住宅功能齐全，空间尺度适宜，日照、采光、通风良好，厨房、餐厅、卫生间有直接采光。各类管线相对集中，隐蔽敷设。住宅的造型能较好反映村镇住宅的特点，色彩协调，造型美观大方，具有比较强的乡土气息和地方特色，提倡采用坡屋面，鼓励选用村镇住宅通用图。低层住宅每户宅基地面积不超过120平方米，预设车库位置。

（3）建设成果要求。小区建设严格按照规划设计实施并基本建成，或建成户数达20户以上；基础设施建设比较完善，小区主要道路硬化，其他道路硬化率达到70%以上，自来水到户，饮水安全；排水沟渠通畅有序，环卫设施到位，垃圾及时收集清运；小区绿化覆盖率达到30%以上。住宅庭院没有封闭围墙。

2. 参评材料

参评材料包括以下部分。

（1）《福建省村镇住宅优秀小区申报表》（简称《申报表》）一式四份，县（市、区）、设区市规划建设主管部门各留存一份，报省建设厅二份。

（2）规划设计成果。包括区位图、小区总平面图、住宅单体平、立、剖面图和效果图。规划设计成果可以拍摄成照片，归入图片资料集。

（3）图片资料集。能充分反映小区设计、建设成果图片集一本。图片影集册规格为24厘米×29厘米，内容包括小区全貌、建筑景观、道路交通、绿化建设、室内布置、公共设施等。若有建设前旧貌及反映建设过程中居民活动情景的照片（如讨论设计方案、拆迁搬家、乔迁喜庆等），亦请汇集。规划设计成果一份，包括区位图、小区总平面图、住宅单体平、立、剖面图和效果图。

3. 申报和评选程序

（1）村镇住宅小区所在地乡镇政府填写《申报表》，报送县（市、区）规划建设主管部门。

（2）县（市、区）规划建设主管部门对所参评的村镇住宅小区进行基本条件核查，符合条件的，在《申报表》中签注意见后，上报设区市规划建设主管部门。

（3）设区市规划建设主管部门对《申报表》进行审核后签注意见，于当年 8 月 30 日前以正式文件附参评材料报省厅村镇建设处。

（4）根据各地申报，省里组织有关人员组成评审小组（行业管理人员、专家及专业技术人员等）对参评的村镇住宅小区进行评审，并派员实地核查，综合各方条件，评选出当年省级村镇住宅优秀小区。

4. 奖励办法

省里对当选的村镇住宅优秀小区给予一定的以奖代补资金补助，并授牌表彰，选用《福建省村镇住宅通用图》建设的村镇住宅优秀小区，适当增加奖励资金额度。

四、项目组织实施

为实施各个项目建设工作，村里应成立美丽乡村建设理事会，由村干部、村民代表和退休公职人员组成。或设立项目建设部，具体负责群众工作、工程实施、技术保障等工作。项目实施主要事项如下。

（一）调查摸底

对全村各类情况进行分类调查、统计。

1. 对美丽乡村建设方案进行全方位宣传

（1）对项目建设宗旨意义效果和建设目标支持奖励办法进行全方位宣传，做到家喻户晓。

（2）对项目建设的前期工作进行宣传发动。

（3）每户签订承诺书。

（4）个别农户和农户个别问题重点做工作，帮助解决困难问题。

2. 建立档案

对村内的建筑和各类设施等基本情况以及农房情况详细调查摸底，并分户建立档案，留存乡村现状影像资料。

（1）收集整理原始资料。对建设地块、地貌及各种建筑物进行拍摄，留存相片影像资料。

（2）对目前使用的烤烟房、旱厕、猪牛栏和禽舍进行统计，并收集安置意向、办法。

（3）调查基础设施基本情况，对路、电、水等基础设施摸底。

（4）入户调查民居情况，建立分户档案资料。

（5）拍照各户房屋现状，并进行评估分类（A、B、C三类）。

（二）制订实施方案

（1）拟定建设计划，明确牵头单位、项目负责人、工作班子、工作任务、建设目标要求和时限及工作措施，制定用地产业发展等具体支持和帮扶政策。

（2）制订项目实施方案，明确工作要点、建设内容、分期任务、时间节点和具体负责人。

（三）征地拆迁

（1）拆除示范点内无人居住的“空心房”、破旧危房，已停止使用的烤烟房、旱厕、猪牛栏、禽舍。拆除前应明确四至界止，留有影像资料，逐户逐块登记造册。

（2）拆除规划要求拆除的各类建筑。

（3）调整用地。

（四）项目实施

（1）筹集资金。多渠道筹集建设资金，相关项目资金和自筹资金，设立专户。

（2）做好用地清理平整工作。

（3）签订有关协议及承诺书。

（4）基础设施、公益设施、公共场所建设，需招标的按要求提前做好。

（5）实施新村建设、民房整修、环境整治等。

（6）进行村庄优化美化和特色景观打造。

（7）谋划实施特色产业发展、现代农业建设项目。

[附录5]

吉安市新农村建设点操作规程

一、操作流程

操作流程分四个阶段二十个步骤。

（一）准备阶段

坚持“点线面结合、沿线布点、连线成带、成片发展、整体推进”的原则、按照“九步法”的要求（即广泛宣传发动、筛选候选村庄、深入调查摸底，选举理事机构、制定村点规划、确定建设项目，分项挖潜算账，分户签订协议、组织逐级申报），在尊重农民意愿的基础上进行选点定点。新农村建设点申报程序为：村申请→乡初审→县把关→市核定→省审批。

各村庄完成申报前要做好以下几项工作。

第一步：成立理事会。乡镇、村干部或工作组在调查摸底的基础上，深入新农村建设点候选的村庄向农户宣传新农村建设的目标、任务、要求和有关政策，组织召开村民大会，按照民主推选的方式，选出5~7人组成新农村建设村民理事会，并推选1人为理事长，牵头组织本村新农村建设的各项事项。

第二步：制定村庄发展规划。主要是编制村庄整治、产业发展、新社区建设三个规划。村庄产业规划主要是规划发展一村一品产业，将产业发展规划落实到每个农户，同时一村一品产业规划发展农民专业合作社等。村庄整治规划要在乡（镇）域村镇体系规划和乡镇总体规划的指导下进行，根据当地经济社会发展水平，合理布局村庄用地，确定居住建筑、公共建筑、道路、绿化及其他用地所占比例；确定道路交通系统、给水排水、电力、电信、广播电视、环境保护与环卫设施、防灾减灾规划及竖向规划；科学安排教育、文化、体育、医疗、商业服务等配套公共服务设施。规划一般要求有“三图一书”，三图即规划现状图、规划总平面图、道路管线布置图，一书即规划说明书。规划出来以后，要经村民代表大会或村民大会讨论同意并完善后，予以公布。新社区建设规划要从发展村庄和谐文化切入，规划安排农村政治建设、文化建设、社会建设和党的建设，建成以和谐文化为主轴，以创业文化、科学文化、道德文化、群众文化和法制文化为覆盖，党群组织较完备、服务设施较完善、社会功能较齐全的新农村社区。

第三步：概算工作量和投资投劳。由理事会召开户主会、座谈会，在调查摸底的基础上，广泛听取农户意见和建议，结合本村实际，确定建设项目，测算项目工程量，做好投资预算及实施方案，明确各个项目你、农民应自筹多少钱、应投多少工等。

第四步：签订建设事项有关协议。理事会根据有关政策和农户要求，确定建设项目、工程量、投劳筹资标准、资金物资奖补标准、工程实施时间要求等协议内容，明确责任义务，并与每户签订整治建设协议书。候选村点90%以上的农户签订协议后，才可列入申报范围。

第五步：按程序进行逐级申报。符合新农村建设点申报条件的村庄，由理事会牵头，乡村干部组织召开建设村点全体农户大会（户主会），也可以通过走访等形式，逐户签字填写自主申报表（承诺书），由理事会向村委会提出列为新农村建设点的书面申请，由村委会根据各自然村申请情况，再上报至乡镇，乡填初审后，报县新农村建设工作领导小组择优选点，最后报市核定省审批。

（二）实施阶段

第六步：建立垃圾池、焚烧炉和沤肥窖等设施，做好垃圾无害化处理的前期准备。

第七步：全面组织开展“三清”（即清垃圾、清污染、清路障），按规划拆除破旧危房，残垣断壁、村中的牛栏猪圈等。

第八步：充分利用楼梯间、房屋空闲部分或统一规划地段进行改厕，主要新建“三格式”水冲厕、“三瓮式”无害化厕所或沼气池卫生厕所。

第九步：因地制宜安装单户式或集中式自来水。

第十步：整修好门窗，搞好土坯和墙面破烂的房屋内外墙粉刷、浆砌檐阶水沟等；按规划建设集中养殖区，将村庄内的牛栏、猪圈、鸡棚等搬离村庄，实行人畜分离。

第十一步：按照“先村内、后村外”的建设程序，按照改路的技术标准和要求，硬化村内巷道和入户便道。

第十二步：按规划平整村道的路基，并硬化进村干道和村内主道。

（三）提升阶段

第十三步：选择在进村入口处建立村牌，在村中心地带建立1~2个20平方米以上的宣传长廊。

第十四步：美化绿化环境，组织农户对村旁、路旁、宅旁、水旁进行绿化，有条件的可砌透视围栏、建造花池等。

第十五步：建立公共休闲活动场所和社区服务配套设施，如医疗室、图书室、健身场、信息站等。

第十六步：由理事会牵头制定公共设施项目、村庄环境卫生、文明创建活动等管理制度，形成长效机制。

第十七步：因地制宜推广太阳能，普及有线电视、沼气池、电话、宽带网。

（四）总结阶段

第十八步：村民代表、理事会成员等参与工程验收结算，建好台账。

第十九步：公布账目，接受群众监督和各项审计检查。

第二十步：收集整理各种资料，搞好总结。

二、建设内容

“三清”：清垃圾、清污泥、清路障。

“三改”：改厕、改水、改栏。

“六建”：建美观房屋（指旧房的整治）、建水泥道路、建整洁环境、建宣传长廊、建社区服务配套设施、建长效机制。

“五普及”：普及太阳能、沼气池、有线电视、电话、宽带网。

“三绿化一处理”：“三绿化”即对村庄道路、农户庭院、村庄休闲地进行绿化，“一处理”即对农村垃圾进行无害化处理。

三、建设标准

(1) 清垃圾：房前屋后、室内干净整洁，农具、柴草堆放整齐，墙壁、门窗无蜘蛛网，无乱涂画乱张贴现象，无乱倒乱堆生活垃圾现象，做到垃圾无公害处理。每个村因地制宜建有2~3个两格式垃圾池，生活垃圾得到有效处理。

(2) 清污泥：村庄内与农户房前屋后沟渠、下水道排水通畅，无污泥杂物，无人畜粪便，无废水直接排入现象，沟渠两旁无乱堆乱放现象。

(3) 清路障：村庄内道路路面干净、通畅，路边无废土、沙石等杂物乱堆乱放，无影响交通的违章建筑，路基无塌陷，道路水沟、涵管排水通畅，无占道种植农作物现象；农户房前屋后、道路两旁、公共场所、空闲地无杂草丛生。

(4) 改厕：改厕以户厕为主，一般不搞公厕，主要方式是新建"三格式""三瓮式"无害化厕所或沼气式卫生厕，确保每个建设点100%农户用上标准的水冲厕。

(5) 改水：改水有集中型和单户型两种方式，类型有三种，一种是山区有条件的可利用山泉水集中供水，第二种是大井供水，第三种是分户单井供水。无论是无塔式单户型还是集中供水型，每个建设点都要达到100%农户喝上安全卫生的自来水。

(6) 改房：严格按照村庄规划，由理事会监督实施，根据签订的有关协议，农户自觉拆除空心房、危房和残垣断壁；对有碍观瞻的建筑物进行整修或粉刷，达到房屋整齐、外墙整洁。在整个建设过程中，要保护好村内的古祠堂、古文物等文物古迹。

(7) 改栏：按需分户规划建设家畜集中养殖区，对家禽家畜实行圈养，做到"人畜分离"。建设点实现改栏95%以上。养殖区应建在下水方向和下风方向，要搞好排污，建成后全面拆除破旧猪牛栏。

(8) 改路：建设点村内巷道硬化率达90%以上，入户便道硬化率达100%，进村道力争全部硬化。改路类型：①水泥铺面，适宜村内主干道和巷道，村内主干道路面宽度控制在3~3.5米，路基要求宽5米，混凝土路面厚度15~18厘米，其下设10~15厘米水泥稳定基层。如道路较长，应考虑每隔300米左右设一会车道。村内其他道路（主要包括巷道和入户便道），路宽要求1~2米，可用8厘米厚度的混凝土浇筑。村内房前屋后不要全部硬化，应留有绿化栽树的空地，巷道与房子之间要有水沟，以防积水。②用旧砖铺面，适宜巷道入户便道，就地取材。③鹅卵石铺面，包括原有损坏的巷道，可重新修补，恢复原貌。

(9) 建立和配置垃圾处理设施：①农户垃圾处理达到“四有”：每家农户有2个环保垃圾存放桶，有1个垃圾回收袋(筐)，有1个有机垃圾沤肥窖或沼气池，房前屋后有一个干净整洁的院舍环境；②村庄垃圾处理达到“五有”：即每个村点有2个以上垃圾收集池，有1辆垃圾清运车（板车、三轮车等），有1个垃圾焚烧炉，有1~2名保洁员，有一套定期打扫环境卫生、垃圾处理的运行管理制度。

(10) 改环境：搞好村庄“四旁”（村旁、水旁、路旁、宅旁和公共地带）绿化；公共活动场所达到清爽整洁、绿树成荫、空气清新、文明卫生。逐步形成“人在村中、村在林里”的优美环境。

铺青砖、鹅卵石、彩砖。村庄公共休闲场所采用新型画报免烧水泥砖（俗称“青砖”）、鹅卵石或彩砖铺面，底层垫河沙，两边用水泥沙浆固定。

砌青砖透视围墙。农户住房前后宽敞的和公共休闲场所，有条件都可按规划用青砖砌透视围墙。

竹篱笆、木栅栏。建设点内房前屋后，菜园、池塘、田地旁边可采用成本低、美观、实用的竹篱色、木栅栏围墙。

植树绿化。村庄“四旁”和公共地带搞好绿化、种植果树、景观或丛竹等。

亮化。有条件的村内主干巷道和公共场所适当安装节能型路灯，实现亮化。

(11) 建立宣传长廊：在村内醒目位置建设一个宣传长廊。宣传长廊一般要15~20平方米，内容有村情简介、村庄规划图、村规民约、理事会成员职责、垃圾处理流程图、保洁员职责、卫生检查评比制度、政策宣传、要事告知等多项栏目。

(12) 建村牌。在进村路口建立一处凸显地方特色的村牌，体现村庄文化底蕴。

(13) 修沟渠、清池塘：在房前屋后浆砌檐阶水沟，防止污水、雨水乱流，浆砌水沟标准：宽20~30厘米，深15~20厘米，两边用砖砌实，用水泥粉刷，水沟底面平整并保持一定的倾斜度。对村庄内沟渠、池塘等进行疏通清理，确保沟渠通畅，池塘无垃圾漂浮。

(14) 建立健全社区服务功能：健全村落社区机构，组建“一会五站”(农村社区志愿者协会、社会互助救济站、卫生环境监督站、民间纠纷调解站、文体活动联络站、公益事业服务站)；完善村落社区设施，做到“四个有”，有农民培训服务场所，有农民学习娱乐的书刊、桌椅板凳、电视等设备，有体育活动场所，有理事会（社区志愿者协会）工作场所；制定社区管理制度，明确“一会五站”和村民理事会职责；完善社区服务功能，有条件的要设立自然村内警务室、文化阅览室、休闲活动室、医务室、便民农家店等。

(15) 建立长效管理机制：完善村规民约，健全卫生、自来水、沼气、绿化、村庄财务等一整套项目维护与管理制度，并将制度制作上墙，做到有章有理，设立沼气、自来水、卫生等项目管理岗位，明确责任人，加强建设项目的后续管理和服务，确保有人管事，使村庄管理制度化、环境卫生管理常态化、村务财务公开化，同时，经常开展诸如十星户评选、五好家庭创建、环境卫生评比等精神文明创建活动，形成长效管理机制。

(16) “五普及”：有条件的存户均可安装太阳能、有线电视、沼气池、电话和宽带网。其中有线电视入户率、电话普及率分别要达于85%、95%以上。

四、档案管理

各建设点工程结束时都应建立档案，即“一村一档”，主要包括以下几种。

1. 申报材料

(1) 新农村建设点农户自主申报表。定点之前农户填写,要达到农户数的95%以上。

(2) 新农村建设协议书。定点以后由理事会和农户签订分户建设项目协议书。

(3) 新农村建设点基本情况。

2. 村庄规划编制材料

包括规划成果(省批新农村建设点要求达到“三图一书”),村庄规划过程中征求意见,会议讨论、认证评审等有关记录以及修编情况等。

3. 建设项目资料

(1) 村庄整治前、后的对照原始照片资料等。

(2) 公共设施建设项目情况。包括主干道、基础设施、公共活动场所、村庄绿化等。

(3) 农户分户建设项目及政府补助资金分户明细,包括三清、六改、四普及等。

(4) 工作台账的最后记录。

(5) 省“一表通”最后汇总表。

4. 资金使用资料

(1) 新农村建设资金到账通知单。

(2) 公共建设项目资金拨付凭证。

(3) 各户建设项目物资发放及资金拨付凭证。

(4) 建设点建设资金来源和投入情况。

5. 工作记录

建设点成立村民理事会资料及理事会名单、章程,理事会工作记录,村民代表大会记录、决议、公示等。

6. 农村垃圾处理工作资料

(1) 村庄垃圾处理实施方案。

(2) 卫生保洁资金来源和投入情况。

(3) 卫生保洁理事会章程、工作记录、卫生评比记录、门前“三包”责任书、保洁责任状、保洁员协议书等。

7. 其他材料

根据各建设点的实际情况，其他有归档价值的材料都应归档。

主要参考文献

刘超良，卫书杰，梁雪峰．2016．现代农业生产经营［M］．北京：金盾出版社．

宋志伟，肖羌雄，孔庆华．2015．现代农业生产经营［M］．北京：中国农业出版社．

吴洪凯．2017．现代农业生产实用技术［M］．北京：中国农业科学技术出版社．

袁建生，申占保，叶举中．2017．现代农业生产实用技术问答、规程与创新［M］．北京：中国农业出版社．

赵光楠，吴德东．2013．中国农村生活垃圾处理模式研究［J］．环境科学与管理（2）：107-111.